中等职业学校规划教材

仪器分析技术

赵美丽　　徐晓安　　主编
王炳强　　主审

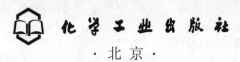

化学工业出版社

·北京·

本书根据教育部中职工业分析与检验课程标准要求，采用项目教学法编写。本书把仪器分析技术分成五个大模块来介绍，包括紫外-可见分光光度法；原子吸收光谱法；气相色谱法；高效液相色谱法；电位分析法。以十七个仪器分析项目为指引，围绕项目要求选择相关的理论知识及经典实用的实训任务。每个项目都有技能目标、知识目标、实训任务及配套的实训报告。

本书适用于中等职业学校工业分析与检验、药物分析与检验以及环境监测、商品检验、精细化工、食品工程等专业使用，也可作为职业技能培训基本操作训练用书。

图书在版编目（CIP）数据

仪器分析技术/赵美丽，徐晓安主编. —北京：化学
工业出版社，2014.8（2024.11重印）
中等职业学校规划教材
ISBN 978-7-122-20992-4

Ⅰ.①仪…　Ⅱ.①赵…②徐…　Ⅲ.①仪器分析-中等
专业学校-教材　Ⅳ.①O657

中国版本图书馆 CIP 数据核字（2014）第 132919 号

责任编辑：窦　臻　　　　　　　　　　文字编辑：刘志茹
责任校对：边　涛　　　　　　　　　　装帧设计：王晓宇

出版发行：化学工业出版社（北京市东城区青年湖南街 13 号　邮政编码 100011）
印　　刷：北京云浩印刷有限责任公司
装　　订：三河市振勇印装有限公司
787mm×1092mm　1/16　印张 15½　字数 380 千字　2024 年 11 月北京第 1 版第 10 次印刷

购书咨询：010-64518888　　　　　　售后服务：010-64518899
网　　址：http://www.cip.com.cn
凡购买本书，如有缺损质量问题，本社销售中心负责调换。

定　　价：35.00 元（附实训报告）　　　　　　　版权所有　违者必究

前　言

FOREWORD

近年来，国家对职业教育日益重视，但由于能力职业教育的低迷，职教生源的缩减，对职业教育模式提出了更高的要求，沿袭已久的"填鸭"式影响了学生的学习兴趣，严重束缚了学生智力的发展和能力的提高，已不能再适应目前的教学要求，教学方法的改革势在必行，"项目教学法"及时引进，破浪而来。以行动为导向的项目教学法，由师生共同实施一个完整的"项目"工作而进行，把整个学习过程分解为若干项目，在传授给学生理论知识和操作技能的同时，更重要的是培养他们的能力。根据学科的特点，以改革教学方式和学习方式为突破口，以培养实用型专业技能人才为目的，促进身心全面发展与个性发展，培养创新精神、实践能力及终身学习的愿望和能力，充分调动学生的主动性，以培养学生的职业能力和岗位能力为目标，实现在做中学，边做边学，学以致用。

为适应这种发展变化，更好地满足教学的需要，我们响应国家中职示范校建设要求编写了这本项目化教材，本教材主要特点如下：

1. 教材编写依据新课程标准进行，并充分体现任务引领、就业导向的课程设计理念。

2. 将仪器分析相关职业活动分解成若干典型的工作项目，按完成工作项目的需要，结合化学检验工职业标准要求组织教材内容。引入必需的理论知识与方法，加强技能培养。

3. 教材内容图文并茂，提高学生的学习兴趣，以加深学生理论知识的理解。

4. 教材内容能够体现科学性、实用性和可操作性，使教材贴近本专业岗位的实际需要，教师易教、学生易学。

5. 教材部分内容紧贴近几年的全国技能大赛，如紫外-可见分光光度法测定未知物的含量，气相色谱仿真技术。

6. 教材附有同步实训报告，使教材的学与用实现完美的结合，便于检验学习成果。

7. 本教材实训任务中列出的仪器类型及型号只作为参考，其他型号的同类仪器在实训任务中均可同等使用。

教材中带"*"部分的内容为选学内容。

本教材由江西省化学工业学校赵美丽和徐晓安主编，天津市渤海职业技术学院王炳强教授主审。其中绪论、模块一、模块三、模块四由赵美丽编写，模块二和模块五由曹秀云编写，徐晓安编写模块一、模块三、模块四的实训任务，曾秋莲编写模块二和模块五的实训任务，全书由赵美丽统稿。陈艾霞老师对教材给予了很多宝贵意见，边风根副校长对本教材的编写给予了大力的支持，昌九农科化工有限公司的屈文峰工程师、江西省蓝恒达化工有限公司的胡智波副总经理在本教材的编写过程中给予了大量的帮助，在此均表示衷心的感谢！

由于编者水平有限，书中不妥之处在所难免，敬请读者批评指正。

编　者
2014 年 5 月

目 录
CONTENTS

模块四　高效液相色谱法

模块五　电位分析法

附录

参考文献

绪 论

一、仪器分析技术的应用

　　仪器分析技术是现代分析化学的重要组成部分，它的应用极其广泛，在农业、工业、国防等各领域都有它的踪影。它也是生命科学、环境科学、材料科学、食品科学等学科领域的重要研究手段。仪器分析技术虽然具有很强的专业性，但也常常接近我们的日常生活，很多便携式仪器就在我们身边，例如：酒精含量检测仪、人体专用红外测温仪、可燃气体报警器、拉曼光谱测试仪、氧气报警仪、世界各国机场的安检仪等。

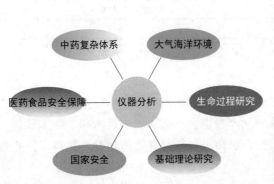

中国石油吉林石化公司
爆炸事故

二、仪器分析的特点与内容

　　化学分析是指利用化学反应和计量关系来确定被测物质的组成和含量的一类分析方法。测定时需使用化学试剂、天平和一些玻璃器皿。

　　仪器分析法是基于与物质的物理或物理化学性质而建立起来的分析方法。这类方法通常是测量光、电、磁、声、热等物理量而得到分析结果，而测量这些物理量，一般要使用比较复杂或特殊的仪器设备，故称为"仪器分析"。

　　相对于化学分析，仪器分析具有以下特点。

　　① 灵敏度高，检出限低。适合于微量、痕量和超痕量成分的测定。

　　② 选择性好，适于复杂组分试样的分析。

　　③ 操作简便，分析速度快，容易实现自动化。

④ 相对误差较大。化学分析一般可用于常量和高含量成分分析，准确度较高，误差小于千分之几。多数仪器分析相对误差较大，一般为 5%，不适用于常量和高含量的成分分析。

⑤ 仪器分析需要价格比较昂贵的专用仪器。

仪器分析涉及的内容非常广泛，概括起来主要是光化学分析、电化学分析、色谱分析、热分析，简化成光、电、色、热。

仪器分析法分类	光学分析	光谱分析	原子光谱法（AAS）
			分子光谱法（IR,UV）
			X 射线光谱法（XRF）
			核磁共振波谱法（NMR）
		非光谱	
	电学分析		电位分析法
			电导分析法
			电解分析法
			库仑分析法
			极谱分析法
	色谱分析		气相色谱法（GC）
			高效液相色谱法（HPLC）
			薄层色谱分析法（TLC）
			纸色谱法
	其他仪器分析		质谱分析法（MS）
			热分析法（TA）
			放射化学分析法

三、仪器分析实验室用水规格与标准溶液配制

1. 仪器分析实验室用水规格

仪器分析实验室用水规格基本上与分析实验室用水要求相同。分析实验室用水的原水应为饮用水或适当纯度的水。分析实验室用水共分三个级别：一级水、二级水和三级水。

一级水：一级水用于有严格要求的分析试验，包括对颗粒有要求的试验，如高压液相色谱分析用水。

二级水：二级水用于无机痕量分析等试验，如原子吸收光谱分析用水。二级水可用多次蒸馏或离子交换等方法制取。

三级水：三级水用于一般化学分析试验。三级水可用蒸馏或离子交换等方法制取。

2. 杂质测定用标准溶液的配制

仪器分析的种类很多，各有特点，不同的仪器分析实验，需要不同的标准溶液。而这些标准溶液配制得准确与否，将直接影响测量结果的准确度。

杂质测定用标准溶液是指单位体积含有准确数量物质（元素、离子或分子），用于检定被测物质中杂质含量的标准溶液。制备这类标准溶液，首先要查阅 GB/T 602—2002《化学试剂杂质测定用标准溶液的制备》，选择好配制方法。配制时要注意如下几点。

① 这类标准溶液对纯水要求比较高。根据 GB/T 602—2002 规定，配制用水在没有注明其他要求时，应符合 GB/T 602—2002 中二级水的规格。

② 配制标准溶液所用试剂的纯度应在分析纯以上。

③ 配制标准溶液所用试剂的溶液都比较低，常以 $\mu g \cdot mL^{-1}$ 或 $mg \cdot mL^{-1}$ 表示。稀溶液的保质期较短，如果所需标准溶液的浓度低于 $0.1mg \cdot mL^{-1}$ 时，应先配成比使用浓度高 $1\sim3$ 个数量级的浓溶液作为贮备液，临用前再进行稀释。为了保证一定的准确度，稀释倍数高时应采取逐次稀释的做法。

④ 必须注意选用合适的容器保存溶液，防止存放过程中由于容器材料溶解可能对标准溶液造成的污染，有些金属离子标准溶液宜在塑料瓶中保存。

⑤ 杂质测定用标准溶液在常温下（$15\sim25℃$）保存期一般为两个月，当出现沉淀或颜色有变化时，应重新配制，切不可将就使用。

配制标准溶液过程包括：查阅国家标准、清洗玻璃仪器、称量、溶解、定容、混匀、标明浓度和贴标签等。

四、化学标准物质的分类

在仪器分析实验中常常会涉及对标准物质的选择，国际纯粹与应用化学联合会（IUPAC）对化学标准物质做如下分类。

A 级：原子量标准。

B 级：和 A 级最接近的基准物质。

C 级：含量为 $100\%\pm0.02\%$ 的标准试剂。

D 级：含量为 $100\%\pm0.05\%$ 的标准试剂。

E 级：以 C 级或 D 级为标准对比测定得到的纯的试剂。

另外，化学试剂按用途也可分为：标准试剂、一般试剂、生化试剂等。我国习惯上将相当于 IUPAC 的 C 级、D 级的试剂称为标准试剂。

一般试剂常分为优级纯，分析纯，化学纯。

一级：即优级纯（G.R）；标签为深绿色，用于精密分析试验。

二级：即分析纯（A.R）；标签为金光红色，用于一般分析试验。

三级：即化学纯（C.P）；标签为中蓝色，用于一般化学试验。

五、仪器分析的发展趋势

近十几年来国际仪器仪表发展的主要趋势是：数字技术的出现把模拟仪器的精度、分辨率与测量速度提高了几个数量级，为实现测试自动化打下了良好的基础。计算机的引入，使仪器的功能发生了质的变化，20 世纪 90 年代，仪器仪表与测量科学技术突破性进展使仪器仪表智能化程度提高，Internet 和 Internet 技术也将进入控制领域。现代仪器仪表产品将向着计算机化、网络化、智能化、多功能化的方向发展，跨学科的综合设计、高精尖的制造技术使它能更高速、更灵敏、更可靠、更简捷地获取被分析、检测、控制对象的全方位信息。

分析仪器正在经历一场革命性的变化，传统的光学、热学、电化学、色谱、波谱类分析技术都已从经典的化学精密机械电子结构、实验室内人工操作应用模式，转化为光、机、电、算一体化、自动化的结构，并正向更名副其实的智能化系统发展。

模块一
紫外-可见分光光度法

紫外-可见分光光度法是利用物质的分子（离子）对紫外-可见光谱区的辐射的吸收来进行的一种仪器分析方法。这种分子吸收光谱产生于价电子和分子轨道上的电子在电子能级间的跃迁，它广泛用于无机和有机物质的定性和定量分析。

本模块共分为五个项目。

 思维导入

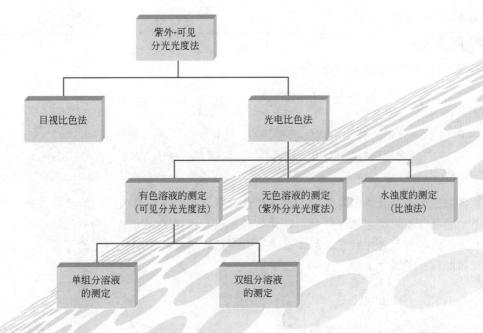

项目一
目视比色法

技能目标

掌握标准色阶的配制方法；掌握目视比色法测定水中有色离子的方法。

知识目标

理解光的基本性质及物质颜色的产生原理；掌握并运用朗伯-比耳定律；理解目视比色法的定义及实验方法。

实训任务

目视比色法测定铜离子的含量。

> 比较两份有色溶液的颜色深浅，为什么可以判断其浓度高低？
> 什么是目视比色法？

很多物质都是有颜色的，颜色的产生受什么影响呢？把蓝色硫酸铜溶液放在钠光灯（黄光）下呈黑色；如果将它放在暗处，则什么颜色也看不到了。可见，物质的颜色不仅与物质本身有关，也与有无光照和光的组成有关，为了深入了解物质颜色与光的关系，首先对光的基本性质应有所了解。

一、光的基本性质

光本质上是一种电磁波（电磁辐射），具有波动性和粒子性，光在传播中不需要任何物质作为传播媒介。常常用波长或频率来描述各种光，其中波长用 λ 表示，单位是纳米（nm），频率用 ν 表示，单位是赫兹（Hz）。

光有单色光和复合光之分，由红、橙、黄、绿、蓝、靛、紫等各种色光组成的光叫做复合光（不同波长的光组合而成），如白光，事实上我们能看见的光大多数都是复合光。红、橙、黄、绿等色光叫做单色光（单一波长的光）。我们平时所说的单色光是相对而言的，理论上并没有绝对的单色光存在。一束白光通过色散元件可以变成红、橙、黄、绿、青、蓝、紫等一系列不同颜色的光，复合光经过光学元件变为单色光的现象称为色散，这些光学元件叫色散元件，如棱镜、光栅等。

反之，若将以上不同颜色的光按照一定的比例混合后也能得到白光，通过进一步的实验证明，将两种适当颜色的光按照一定强度比混合后可以得到白光，光的这种性质称为光的互补性，这种成对出现的两种颜色的光称为互补色光。光的互补性如图1-1所示。一束白光，如果被物质吸收了某种色光，人们看到的颜色就是它的互补色。如物质吸收了红光，看到的就是青色；吸收了紫光，看到的就是绿色；如果光全部被吸收，看到的就是黑色；如果所有光都不吸收，看到的就是白色。

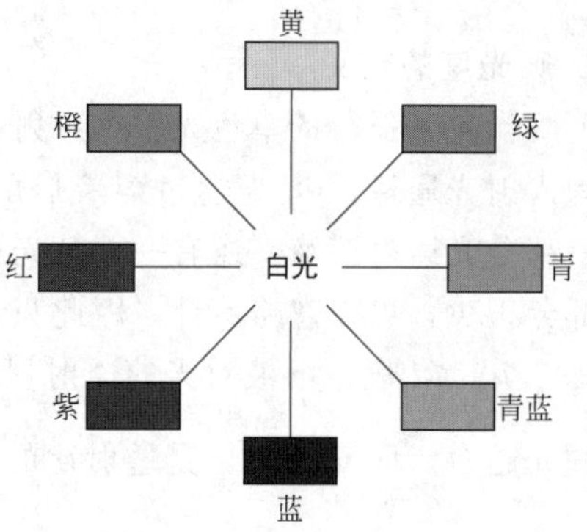

图 1-1 光的互补性

光是指所有的电磁波谱。在整个电磁波谱（如表1-1所示）中，并不是所有的光都有色彩，电磁波包括宇宙射线、X射线、紫外线、红外线、无线电波和可见光等。人的眼睛对不同波长的光的感觉是不一样的，在电磁波谱中，凡是能被肉眼感觉到的光称为可见光，如图1-2所示，其波长范围为400～780nm。在可见光的范围内，不同波长的光刺激眼睛后会产生不同颜色的感觉，但由于受到人的视觉分辨能力的限制，实际上是一个波段的光引起一种颜色的感觉。

表 1-1 电磁波谱

波谱名称		波长范围	波谱名称	波长范围
射线区		<0.005nm	可见光	400～780nm
X射线区		0.005～10nm	红外线	0.8～1mm
紫外线	远紫外线（真空紫外光）	10～200nm	微波	1～300mm
	近紫外线	200～400nm	无线电波	>300mm

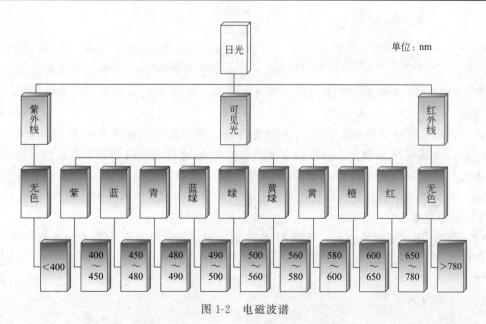

图 1-2 电磁波谱

凡波长小于400nm的紫外线或波长大于780nm的红外线都不能被人的眼睛感觉出，所以这些波长范围的光是看不到的，通称不可见光，实际上是不同的射线和电波。

二、光吸收定律

1. 吸光度的定义

当一束平行的单色光垂直照射一定浓度的均匀透明的溶液时，如图1-3所示。图中 Φ_0 为入射光通量，Φ_{tr} 为通过溶液后的透射光通量。当光束通过溶液时，有一部分光被吸收，一部分光透过溶液，还有一部分光被比色皿表面反射回去，但对表面光滑的比色皿，反射的部分很少，可以忽略不计，因此只讨论光的吸收与透过部分。

Φ_{tr}/Φ_0 表示溶液对光的透射程度，称为透射比，用符号 τ 表示。透射比越大，说明透过的光越多。而 Φ_0/Φ_{tr}，是透射比的倒数，入射光 Φ_0 一定时，透过光通量越小，则 $\lg\dfrac{\Phi_0}{\Phi_{tr}}$ 越大，光吸收越多，因此用 $\lg\dfrac{\Phi_0}{\Phi_{tr}}$ 表示单色光通过溶液时被吸收的程度，通常称为吸光度，用 A 表示，即：

$$A=\lg\frac{\Phi_0}{\Phi_{tr}}=\lg\frac{1}{\tau}=-\lg\tau \tag{1-1}$$

可以简化为：

$$A=-\lg\tau \tag{1-2}$$

2. 朗伯定律

在图1-3所示的实验中，1760年朗伯发现，如果不断地改变容器的厚度而保持入射光通量及其他条件不变，那么吸光度 A 的值与容器的厚度即液层厚度（用 b 表示）成正比，称为朗伯定律，即：

$$A=Kb \tag{1-3}$$

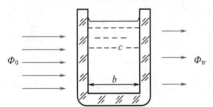

式中，b 为溶液液层厚度，常指比色皿的厚度，单位是厘米（cm）；K 是为比例常数，它与入射光波长、溶液性质、浓度和温度有关。

图1-3　单色光通过溶液的吸收池

3. 比耳定律

同样有如图1-3所示的实验中，1852年比耳发现，保持入射光通量及其他条件不变，而不断地改变溶液的浓度，那么可以得到吸光度 A 的值与溶液的浓度（c）成正比，称为比耳定律，即：

$$A=K'c \tag{1-4}$$

式中，K' 为另一比例常数，它与入射光波长、液层厚度、溶液性质和温度有关，c 为溶液浓度。比耳定律表明：当溶液液层厚度和入射光通量一定时，光吸收的程度与溶液浓度成正比。必须指出的是：比耳定律只能在一定浓度范围才适用，一般适用于浓度小于 $0.01\text{mol}\cdot\text{L}^{-1}$ 的稀溶液。因为浓度过低或过高时，溶质会发生电离或聚合而产生误差。

4. 朗伯-比耳定律

（1）朗伯-比耳定律的公式　当入射光通量一定，而液层厚度和溶液浓度均为变量时，则可以将朗伯定律和比耳定律合并为一个定律，这就是朗伯-比耳定律。即当某一入射光通量恒定的平行单色光垂直通过均匀的非散射溶液时，溶液的吸光度与溶液浓度及液层厚度的乘积成正比。其表达式为：

$$A = Kbc \tag{1-5}$$

朗伯-比耳定律，也称为光吸收定律，是紫外-可见分光光度法进行定量分析的基础。

（2）朗伯-比耳定律的适用范围　朗伯-比耳定律不仅适用于紫外线、可见光，也适用于红外线；不仅适用于均匀非散射的液态样品，也适用于微粒分散均匀的固态或气态样品。

应用光吸收定律时必须符合三个条件：一是入射光必须为单色光；二是必须为稀溶液；三是被测样品必须是均匀介质，在吸收过程中吸光物质之间不能发生相互作用。

如果不符合以上条件，可能会出现偏离朗伯-比耳定律的现象，如图1-4所示。根据朗伯-比耳定律，对于厚度一定的溶液，用吸光度对溶液浓度作图，得到的应该是一条通过原点的直线，即二者之间应呈线性关系。但在实际工作中，吸光度与浓度关系有时是非线性的，或者不通过零点，这种现象称为偏离光吸收定律，或偏离朗伯-比耳定律。

5. 吸光系数

（1）摩尔吸光系数　在朗伯-比耳数学表达式中，比例常数 K 称为吸光系数，其物理意义是单位浓度的溶液液层厚度为 1cm 时，在一定波长下测得的吸光度。K 值的大小取决于吸光物质的性质、入射光波长、溶液温度和溶剂性质等，与溶液浓度大小和液层厚度无关。但 K 值大小因溶液浓度所采用的单位的不同而异，当溶液的浓度以 $mol \cdot L^{-1}$ 表示、液层厚度以 cm 表示时，相应的比例常数 K 称为摩尔吸光系数，以 ε 表示，其单位为 $L \cdot mol^{-1} \cdot cm^{-1}$。这样式(1-5)可以改成：

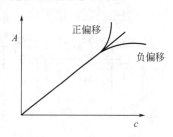

图 1-4　偏离光吸收定律

$$A = \varepsilon bc \tag{1-6}$$

摩尔吸光系数是吸光物质的重要参数之一，它表示物质对某一特定波长光的吸收能力。ε 越大，表示该物质对某波长光的吸收能力越强，测定的灵敏度也就越高。因此，测定时为了提高分析的灵敏度，通常选择摩尔吸光系数大的有色化合物进行测定，选择具有最大 ε 值波长的光作入射光。一般认为 $\varepsilon < 1 \times 10^4 L \cdot mol^{-1} \cdot cm^{-1}$，灵敏度较低；$\varepsilon$ 在 $1 \times 10^4 \sim 5 \times 10^4 L \cdot mol^{-1} \cdot cm^{-1}$ 属中等灵敏度；$\varepsilon > 5 \times 10^4 L \cdot mol^{-1} \cdot cm^{-1}$ 属高灵敏度。

【例 1-1】 用邻菲啰啉法测定铁，已知显色的试液中含 Fe^{2+} 浓度为 $50\mu g \cdot 100mL^{-1}$，比色皿的厚度为 2cm，在波长 510nm 处测得吸光度为 0.198，计算其摩尔吸光系数。已知 $M(Fe) = 55.85$。

解

$$c(Fe^{2+}) = \frac{50 \times 10^{-6} \times \frac{1000}{100}}{55.85} = 8.9 \times 10^{-6} mol \cdot L^{-1}$$

$$\varepsilon = \frac{A}{bc} = \frac{0.198}{2 \times 8.9 \times 10^{-6}} = 1.1 \times 10^4 L \cdot mol^{-1} \cdot cm^{-1}$$

（2）质量吸光系数　在朗伯-比耳数学表达式中，当溶液的浓度以质量浓度（$g \cdot L^{-1}$）、液层厚度以 cm 表示时，相应的比例常数 K 称为质量吸光系数，以 a 表示，单位为 $L \cdot g^{-1} \cdot cm^{-1}$。质量吸光系数适用于摩尔质量未知的化合物。

三、目视比色法

根据生活常识，有色物质呈现的颜色越深，则相关物质的浓度越大，用比较颜色深浅的方法确定溶液中有色物质含量的方法称比色法，包括目视比色和光电比色两类。通过眼睛判断溶液颜色的深浅以测定物质含量的方法，称为目视比色法，通过光电仪器确定溶液浓度大小的方法称光电比色法。

1. 目视比色法原理

目视比色法原理是：将有色的标准溶液和被测溶液在相同条件下对颜色进行比较，根据光吸收定律：

$$A_s = \varepsilon_s c_s b_s \tag{1-7}$$

$$A_x = \varepsilon_x c_x b_x \tag{1-8}$$

当被测溶液的颜色深浅度与标准溶液相同时，则 $A_s = A_x$；又因为是同一种有色物质，同样的光源（太阳光或普通灯光），所以 $\varepsilon_s = \varepsilon_x$，而且液层厚度相等，即 $b_s = b_x$，因此 $c_s = c_x$。

2. 目视比色法的应用

目视比色法一般采用标准系列法，即在一套等体积的比色管（如图1-5所示）中配制一系列浓度不同的标准溶液（标准色阶），并按同样的方法配制待测溶液，待显色反应达平衡后，从管口垂直向下观察，如要待测溶液与标准系列中某个标准溶液颜色相同，便表明二者浓度相等。如果待测试液的颜色介于某相邻两标准溶液之间，则待测试样的含量可取两标准溶液含量的平均值。

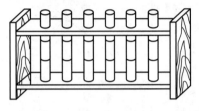

图1-5　比色管

目视比色法还可用于测定液体化学品的色度，浅色液体化学品的色度，GB/T 605—2006规定应采用以铂-钴标准液为标准色的目视比色法来测定。

3. 目视比色法的特点

目视比色法的主要优点是设备简单，操作简便。由于比色管内液层较厚，使观察颜色的灵敏度较高，不要求有色溶液严格服从比耳定律，因而它广泛应用于准确度要求不高的常规分析中。但是目视比色法主观误差大，准确度不高，属于半定量分析。如果待测液中存在第二种有色物质，甚至会无法进行测定。有色溶液颜色不稳定的因素也会给测定工作带来不便。

 习题

1. 目视比色法所用的主要仪器是（　　　）。
   A. 烧杯　　　　　　B. 试管　　　　　　C. 比色管　　　　　　D. 比色皿
2. 目视比色法所用的光源是（　　　）。
   A. 可见光　　　　　B. 红外线　　　　　C. 紫外线　　　　　　D. 微波
3. 影响目视比色法的主要因素是（　　　）。
   A. 光源及比色管　　B. 人眼观察误差　　C. 试剂纯度　　　　　D. 前面各项
4. 人眼能感受到的光称为可见光，可见光的波长范围是（　　　）。
   A. 200～400nm　　B. 400～780nm　　C. 200～1000nm　　D. 100～200nm
5. 物质的颜色是由于选择吸收了白光中的某些波长的光所致，$CuSO_4$ 溶液呈现蓝色是由于它吸收白光中的（　　　）。
   A. 蓝色光　　　　　B. 绿色光　　　　　C. 黄色光　　　　　　D. 青色光

6. 透光率与吸光度的关系是（　　）。

A. $\dfrac{1}{\tau}=A$ B. $A=\lg\dfrac{1}{\tau}$ C. $\lg\tau=A$ D. $\tau=\lg\dfrac{1}{A}$

7. 有色配合物的摩尔吸光系数，与下列因素中有关系的是（　　）。

A. 比色皿的厚度   B. 有色配合物浓度   C. 比色皿材料   D. 入射光波长

8. 朗伯-比耳定律说明，当一束单色光通过均匀有色溶液中，有色溶液的吸光度正比于（　　）。

A. 溶液的温度   B. 溶液的酸度

C. 液层的厚度   D. 溶液的浓度和溶液厚度的乘积

9. 摩尔吸光系数的单位是（　　）。

A. $mol \cdot L^{-1} \cdot cm^{-1}$ B. $L \cdot mol^{-1} \cdot cm^{-1}$

C. $L \cdot g^{-1} \cdot cm^{-1}$ D. $g \cdot L^{-1} \cdot cm^{-1}$

10. 某溶液中每升含 Fe 47.0mg，吸取此溶液 5.0mL 于 100mL 容量瓶中，以邻菲啰啉分光光度法测定铁，用 1.0cm 比色皿于 508nm 处测得吸光度为 0.467。计算质量摩尔吸光系数 ε。已知 $M(Fe)=55.85g \cdot mol^{-1}$。

 知识窗

发明光谱分析法的科学家

1811 年 3 月 31 日，罗伯特·威廉·本生出生在德国的哥廷根。他家是书香门第，父亲查里斯恩·本生是哥廷根大学图书馆馆长、语言学教授，母亲也有很好的文化素养，是一位学识渊博的高级职员的女儿。本生有兄弟四人，他排行第四。他在大学学习了化学、物理学、矿物学和数学等课程。他的化学教师是著名化学家斯特罗迈尔，是化学元素镉的发现人。1830 年，本生以一篇物理学方面的论文获得了博士学位。

本生获博士学位以后，因出色的研究工作，得到了一笔补助金，故而使他有可能在 1830～1833 年步行到欧洲各地游学，他到过法国、奥地利、瑞士等国，遍访化工厂、矿产地和知名实验室，结识了许多知名科学家。这次游学，对他以后的学术研究有很大帮助。

1833 年，本生游学结束，先后担任了哥廷根大学等学校的教师，1843 年到布勒斯劳任化学教授，在这里，他结识了物理学家基尔霍夫，此后，二人长期合作研究光谱学。1852 年，本生在海德堡任教授，一直从事化学教学和研究。在长期的教学生涯中，本生讲授《普通实验化学》课程，为学生做了许多出色的演示实验，课堂上在自己研制的煤气灯上，他用玻璃管很快就可以制作出所需的仪器，他的这种高超的技巧使他的学生们非常佩服。他研制的实验煤气灯，后来被称为本生灯，一直到现在，许多化学实验室，还在使用这种灯。此外，他还制成了本生电池、水量热计、蒸汽量热计、滤泵和热电堆等实验仪器。

本生为了事业，终生未娶，有人曾给他介绍女友，他一次也没主动去追求，学生们问他为什么不结婚，他都是说："我总是没有功夫。"

本生 70 岁时，给他的好友写信说："垂暮之年，来日不多，回忆过去的欢乐，其中最使我快乐的是我们共同进行的研究工作。"

1899 年 8 月 16 日，本生与世长辞，享年 88 岁。本生是在化学史上具有划时代意义的少数化学家之一，他和基尔霍夫发明的光谱分析法，被称为"化学家的神奇眼睛"。

实训任务　目视比色法测定铜离子的含量

任务来源

> 对于准确度要求不高时溶液的测定可用目视比色法。

实训思路

选择比色管 ➡ 配制标准色阶 ➡ 配制样品溶液 ➡ 比色测定 ➡ 结果分析

仪器准备

25mL 比色管 7 个；比色管架 1 个；1000mL 容量瓶 1 个；5mL 移液管 1 支；5mL 吸量管 2 支。

试剂准备

（1）铜标准溶液（$\rho_{Cu}=50.0\text{mg}\cdot\text{L}^{-1}$）：称取 19.53g 分析纯 $CuSO_4\cdot5H_2O$，溶于蒸馏水中，定量转移至 1000mL 容量瓶中，用蒸馏水稀至标线，摇匀。

（2）浓氨水。

实训步骤

一、实训准备

1. 选择一套（7 个）25.00mL 比色管，洗净后置于比色管架上。

注意：比色管的几何尺寸和材料（玻璃颜色）要相同，否则将影响比色结果。

2. 配制铜标准溶液色阶

用 5mL 吸量管依次准确移取铜标准操作液 0.00mL、1.00mL、2.00mL、3.00mL、4.00mL、5.00mL 于 25.00mL 比色管中，加 10mL 水，摇匀。分别加入 5.00mL 浓氨水后，再用蒸馏水稀至标线，混匀，放置 10min。

3. 用 5mL 吸量管移取试样若干毫升（以试样显色后的色泽介于标准系列中为宜）于另一支干净比色管中，按上述步骤 2 的方法显色，再用蒸馏水稀释至标线，混匀，放置 10min。

二、目视比色

1. 把准备好的样品溶液放置于比色管架上，与标准色阶比较颜色的深浅。

2. 观察结果并记录在实训报告本上。

三、结束工作

清洗仪器，整理工作台。

注意事项

（1）为了提高测定准确度，在与试样颜色相近附近的标准溶液的浓度变化间隔要小些。

（2）观察溶液颜色应自上而下垂直观察。

（3）比色时应尽量在阳光充足而又不直接照射的条件下进行。不能在有色灯光下观察溶液的颜色，否则会产生误差。

结果与讨论

（1）根据观测结果和试样体积确定样品溶液中 Cu^{2+} 的含量，以 $\mu g \cdot L^{-1}$ 表示。

（2）若配制的水样颜色在标准色阶以外（过深或过浅），各说明了什么问题？该如何调整实验方案得出试样结果。

（3）怎样计算试样的原始浓度？

项目二 单组分有色溶液的测定—— 可见分光光度法

技能目标

熟悉可见分光光度计的使用；掌握吸收曲线的绘制；掌握分光光度法测定铁离子含量的方法；掌握标准工作曲线的绘制及应用。

知识目标

掌握光吸收定律；熟悉可见分光光度计的各组成部分及作用；了解分光光度计的种类；掌握选择显色条件的方法；理解分光光度法测定金属离子浓度的原理。

实训任务

可见分光光度计波长的校正；比色皿成套性检查；水中微量铁含量的测定；分光光度法测铁条件的选择。

学习了目视比色法，有没有更为准确测定有色溶液的方法？
怎样利用分光光度计测量水中微量铁的含量？

一、吸收光谱曲线

比色法分为目视比色法和光电比色法，光电比色法使用的仪器是分光光度计，当一束光通过吸光物质时，它可以测量吸光物质的吸光度（A）。由于物质对光的吸收具有选择性，分别以不同波长的单色光作为入射光，测定某一溶液的吸光度，然后以各个波长（λ）为横坐标，相对应的吸光度（A）为纵坐标作图，可得到一条曲线，称为溶液的吸收光谱曲线（A-λ 曲线）。吸收光谱曲线描述了物质对不同波长的光的吸收程度，是物质的特征性曲线，可作为定性分析的依据。不同分子结构的物质，其吸收光谱曲线会有不同的形状，如图 1-6 所示。

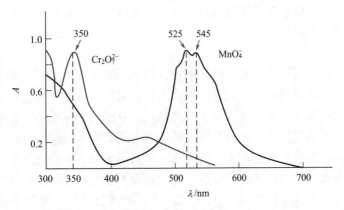

图 1-6　不同物质的吸收光谱曲线

吸收光谱曲线中光吸收程度最大处（吸收峰）对应的波长称为最大吸收波长，以 λ_{max} 表示。在进行光度测定时，通常都是选取最大吸收波长（λ_{max}）来测量，因为这时测量的灵敏度最大。

对于相同物质而言，其吸收光谱曲线形状是相似的。图 1-7 中三条 $KMnO_4$ 的吸收光谱曲线可以看出，不同浓度的高锰酸钾溶液，其吸收光谱曲线的形状相似，最大吸收波长也相同，所不同的是吸收峰峰高随浓度的增加而增高。

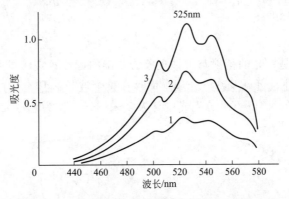

图 1-7　不同浓度的高锰酸钾溶液的吸收光谱曲线
1—$c(KMnO_4) = 1.56 \times 10^{-4} \, mol \cdot L^{-1}$；
2—$c(KMnO_4) = 3.12 \times 10^{-4} \, mol \cdot L^{-1}$；
3—$c(KMnO_4) = 4.68 \times 10^{-4} \, mol \cdot L^{-1}$

二、可见分光光度计

（一）仪器的基本组成部件

分光光度计分为可见分光光度计和紫外-可见分光光度计，可见分光光度计主要由五个部分组成：光源、单色器、吸收池、检测器、信号处理及显示系统。

光源 $\longrightarrow$ 单色器 $\longrightarrow$ 吸收池 $\longrightarrow$ 检测器 $\longrightarrow$ 信号处理及显示系统

1. 光源

光源的作用是提供符合要求的入射光，对光源的基本要求是：能提供仪器操作所需的光谱区域内的连续辐射光，有足够的辐射强度和良好的稳定性，并且光源的使用寿命长。

可见分光光度计中的光源是钨灯或卤钨灯，可用波长范围是350～1000nm，适合测定对可见光有吸收的有色物质。

2. 单色器

单色器是把光源辐射的复合光分解出单色光的光学装置，并能够准确方便地"取出"所需要的波长。其主要功能是：产生光谱纯度高的波长且波长在紫外可见区域内任意可调。

单色器一般由狭缝、透镜系统和色散元件等几部分组成，其核心部分是色散元件，起分光的作用。能起分光作用的色散元件主要有棱镜和光栅，棱镜由玻璃和石英两种材料制成。复合光进入棱镜后，由于它对各种频率的光具有不同折射率，各种色光的传播方向有不同程度的偏折，因而在离开棱镜时就各自分散，形成各种单色光，如图1-8所示。由于玻璃对紫外线有吸收，所以玻璃棱镜只能用于350～3200nm的波长范围，常用于可见光域。石英棱镜可使用的波长范围较宽，可从185～4000nm，即可用于紫外、可见和近红外三个光域。

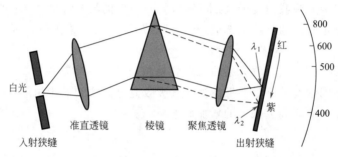

图1-8　棱镜型单色器

光栅的色散原理是以光的衍射与干涉现象为基础的，比较棱镜具有更多的优点，如图1-9所示。它可用于紫外、可见及红外光域，而且在整个波长区具有良好的、几乎均匀一致的分辨能力。较高配置的紫外–可见分光光度计大多采用光栅作为色散元件。

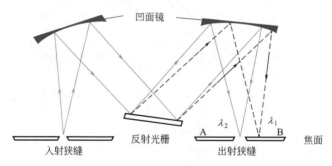

图1-9　光栅型单色器

3. 吸收池

吸收池常称为比色皿，用于盛放分析试样，一般有石英和玻璃材料两种，可见分光光度计中使用的是玻璃比色皿。可见分光光度计常用的比色皿规格有0.5cm、1cm、2cm、3cm等，如图1-10所示，使用时根据需要来选择。由于比色皿材料的本身吸光特征以及比色皿的光程长度的精度等对分析结果都有影响，在实际使用时，比色皿要挑选配对。

使用比色皿时必须注意以下几点。

① 比色皿有毛面和光学面，拿取比色皿时，只能用手指接触两侧的毛玻璃，避免接触光学面。

② 盛装溶液的量为比色皿高度的 $2/3 \sim 3/4$，光面如有残液，可用滤纸先吸附，再用擦镜纸或丝绸擦拭光学面。

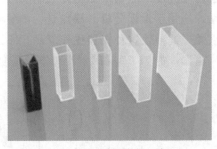

③ 凡含有腐蚀玻璃的物质溶液（如 F^-、$SnCl_2$、H_3PO_4 等），不宜在比色皿中长时间盛放。

④ 使用后应立即用水冲洗干净，有色污染物可用 $3mol \cdot L^{-1}$ 盐酸和等体积乙醇的混合溶液浸泡洗涤。

⑤ 使用后只能晾干，不能加热。

图 1-10　不同规格的比色皿

4. 检测器

检测器是接收光辐射信号、测量单色光透过溶液后光强度的变化，并将光信号转换为相应的电信号的一种装置，所以也称为接收器，常被比作人的眼睛。常用的检测器有光电管和光电倍增管等。

光电倍增管是检测微弱光最常用的光电元件，它的灵敏度比一般的光电管要高 200 倍，由于其灵敏度高，必须在完全屏蔽杂散光的条件下工作，并应避免强光连续照射，否则容易损坏。光电倍增管是目前高、中挡分光光度计中最常用的一种检测器。

5. 信号处理及显示系统

检测器输出的各种电信号经放大等处理后由信号处理系统记录并显示出来，很多型号的分光光度计还装配有微处理机，一方面可对分光光度计进行操作控制，另一方面可进行数据处理。当前的一些中高挡分光光度计多采用数字显示器作为读数装置，并与计算机联用，配有专用的工作软件，操作更为简便。

（二）分光光度计的类型

分光光度法所用的仪器称为分光光度计，分光光度计的分类方法常有两种。

① 根据分光光度计光源所提供的波长范围不同，可分为两种：可见分光光度计（$320 \sim 1000nm$，如图 1-11 所示）和紫外-可见分光光度计（$200 \sim 1000nm$）。可见分光光度计只能测量有色溶液（可见光区）的吸光度，而紫外-可见分光光度计可测量无色及有色溶液（对紫外及可见光有吸收的物质）的吸光度。

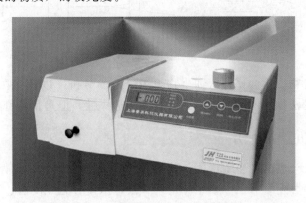

图 1-11　722 型可见分光光度计

② 按仪器的光路可分为三种：单光束分光光度计、双光束分光光度计和双波长分光光度计。

单光束分光光度计是经单色器分光后的一束平行光，轮流通过参比溶液和样品溶液，以进行吸光度的测定（如图1-12所示）。这种简易型分光光度计结构简单，操作方便，维修容易，适用于常规分析。缺点是：测量结果受电源的波动影响较大，容易给定量结果带来较大误差。此外，这种仪器操作麻烦，不适于做定性分析。在可见分光光度计中，主要的代表型号是国产的751型和72系列分光光度计。

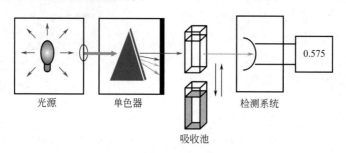

图1-12 单光束分光光度计

双光束分光光度计（如图1-13所示）经单色器分光后经反射镜分解为强度相等的两束光，一束通过参比池，另一束通过样品池。光度计能自动比较两束光的强度，此比值即为样品溶液的透射比，经对数变换将它转换成吸光度记录下来。

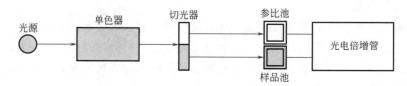

图1-13 双光束分光光度计

双波长分光光度计（如图1-14所示）由同一光源发出的光，分别被分成两束，经两个可自由转动的单色器，得到λ_1和λ_2两束具有不同波长的单色光。通过切光器，使两束光以一定的时间间隔交替照射到装有样品溶液的吸收池上，由检测器显示出样品溶液对波长λ_1和λ_2的吸光度A的差值ΔA。

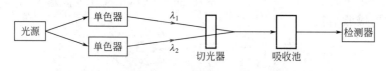

图1-14 双波长分光光度计

对于多组分混合物、浑浊试样（如生物组织液）的分析，以及存在背景干扰的情况下，利用双波长分光光度法往往能提高方法的灵敏度和选择性，但是仪器价格昂贵。

三、单组分的定量分析

定量分析是分光光度法的重要应用，其定量的依据是朗伯-比耳定律，主要是比耳定律。其定量方法包括单组分定量方法、多组分定量方法，示差分光光度法、双波长分光光度法及导数分光光度法等，此项目中介绍常用的单组分定量方法。

（一）工作曲线法

工作曲线法是实际分析工作中是常用的一种方法，也叫标准曲线法。工作曲线法的具体方法主要包括三个部分：标准溶液及样品溶液的配制；吸光度的测量及标准曲线的绘制；样品浓度的计算。

1. 工作曲线的绘制

配制标准溶液时要求不少于 4 个且浓度比例适当（大部分的点吸光度在 0.2～0.8 之间）的标准溶液，以空白溶液为参比溶液（有时可直接用溶剂作参比溶液），测定标准系列溶液的吸光度，以吸光度为纵坐标，浓度为横坐标，绘制吸光度-浓度（A-p）曲线，称为工作曲线，如图 1-15 所示。

2. 样品测定

在测定样品时应按同样方法制备样品溶液并测定样品溶液的吸光度，然后在工作曲线上查出待测组分的浓度（如图 1-15 中的 ρ_x）。

配制样品溶液要控制其吸光度的值在工作曲线范围内，最好在工作曲线的中部。工作曲线应定期校准，如果实验条件变动（如更换标准溶液、所用试剂重新配制、仪器经过修理、更换光源等情况），工作曲线应重新绘制。实际工作中，为了避免使用时出差错，在所作的工作曲线上还必须标明工作曲线的名称、标准溶液名称和浓度、坐标分度和单位、测量条件等信息。

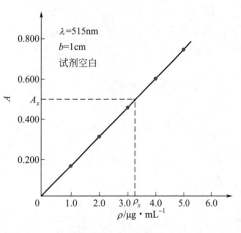

图 1-15　工作曲线

3. 工作曲线的校准

在用工作曲线法进行分析时，由于受到各种因素的影响，测出的各个点可能不完全落在一条直线上，这时可以用一条校准曲线来反映吸光度与浓度的这种正比例关系，这条校准曲线叫做回归直线。回归直线的数学表达式称为直线回归方程：

$$y = a + bx \tag{1-9}$$

式中，a、b 为回归系数，其中 a 为直线的截距；b 为直线的斜率。

b 为直线斜率，可由下式求出：

$$b = \frac{\sum\limits_{i=1}^{n}(x_i - \bar{x})(y_i - \bar{y})}{\sum\limits_{i=1}^{n}(x_i - \bar{x})^2} \tag{1-10}$$

式中，$\bar{x}$、$\bar{y}$ 分别为 x 和 y 的平均值，x_i 为第 i 点的标准溶液的浓度，y_i 为第 i 点的吸光度（以下相同）。

a 为直线的截距，可由下式求出：

$$a = \frac{\sum\limits_{i=1}^{n} y_i - b\sum\limits_{i=1}^{n} x_i}{n} = \bar{y} - b\bar{x} \tag{1-11}$$

标准曲线线性的好坏可用回归方程的线性相关系数 r 来表示，r 接近于 1，说明线性好，一般要求 r 大于 0.999，相关系数 r 可用下式求得。

$$\gamma = b\sqrt{\frac{\sum\limits_{i=1}^{n}(x_i - \bar{x})^2}{\sum\limits_{i=1}^{n}(y_i - \bar{y})^2}} \tag{1-12}$$

【例 1-2】 以邻菲啰啉为显色剂，采用标准曲线法测定微量 Fe^{2+}。实验根据标准溶液的浓度以及标准溶液与样品溶液的吸光度值，求出样品溶液的浓度。

溶液	标准 1	标准 2	标准 3	标准 4	标准 5	标准 6	试样
浓度 $c \times 10^5 / \mathrm{mol \cdot L^{-1}}$	1.00	2.00	3.00	4.00	6.00	8.00	c_x
吸光度 A	0.113	0.212	0.336	0.434	0.669	0.868	0.712

解 (1) 计算法

设直线回归方程为 $y = a + bx$，

则得，$\bar{x} = 4.00$，$\bar{y} = 0.439$

计算得 $\sum\limits_{i=1}^{n} (x_i - \bar{x})(y_i - \bar{y}) = 3.71$

$\sum\limits_{i=1}^{n} (x_i - \bar{x})^2 = 34$ $\qquad$ $\sum\limits_{i=1}^{n} (y_i - \bar{y})^2 = 0.405$

则：$b = \dfrac{\sum\limits_{i=1}^{n}(x_i - \bar{x})(y_i - \bar{y})}{\sum\limits_{i=1}^{n}(x_i - \bar{x})^2} = \dfrac{3.71}{34} = 0.109$

$a = \bar{y} - b\bar{x} = 0.439 - 4 \times 0.109 = 0.003$

相关系数：$\gamma = b\sqrt{\dfrac{\sum\limits_{i=1}^{n}(x_i - \bar{x})^2}{\sum\limits_{i=1}^{n}(y_i - \bar{y})^2}} = 0.109 \times \sqrt{\dfrac{34}{0.405}} = 0.999$

可见实验所作的工作曲线线性符合要求。

由回归方程得：$\qquad A_x = 0.003 + 0.109 c_x$

故：$c_x = \dfrac{A_x - 0.003}{0.109} = \dfrac{0.712 - 0.003}{0.109} = 6.50$

因此，样品的浓度为 $6.50 \times 10^{-5} \mathrm{mol \cdot L^{-1}}$。

(2) 工作曲线法

可以根据实验数据，绘制工作曲线，利用内插法查出样品的浓度，进一步计算出样品溶液的原始浓度。

两种方法比较：工作曲线法操作简便，准确度较高，适于大批同种样品的分析，可以消除一定的随机误差，同时通过工作曲线能判断被测组分是否符合光吸收定律。

（二）比较法

这种方法也叫标准对照法，是配制一份已知浓度的标准溶液（c_s），在一定条件下，测得其吸光度 A_s，然后在相同条件下测得试液 c_x 的吸光度 A_x，设样品溶液、标准溶液完全符合朗伯-比耳定律，则

$$c_x = \frac{A_x}{A_s} \times c_s \tag{1-13}$$

使用这方法要求：c_x 与 c_s 浓度接近，且都符合光吸收定律。标准对照法适于个别样品的测定。

四、实验条件的选择

（一）显色条件的选择

1. 显色反应

由于可见分光光度计的检测器只能识别有色物质，无机物离子的最大吸收波长大部分集中在可见光区，所以测量无机化合物时常需要将待测物质显色，使之生成有色物质，通过测量显色后物质的吸光度，最终求得待测物质的含量。这种将待测组分转变成有色化合物的反应称为显色反应，与待测组分形成有色化合物的试剂称为显色剂。显色反应类型主要有氧化还原反应和配位反应，在无机物的分析中控制好显色条件能直接提高测量的准确度。选择合适的显色反应要求灵敏度高、选择性高、生成物稳定、显色剂在测定波长处无明显吸收，如果有两种有色物质存在，它们的最大吸收波长差距 $\Delta\lambda$ 要大于 60nm 以上。当然也有一些无机物离子本身具有较明显的颜色，对这类无机物的测定无需再显色。

2. 显示剂的种类

显色剂中常用的有两类，一类是无机显色剂，另一类是有机显色剂。大部分无机显色剂的灵敏度和选择性不高，种类也较少。主要有硫氰酸盐、钼酸铵、过氧化氢等几种。有机显色剂是一般分析工作中常用的显色剂，种类繁多，这些显色剂常常与金属离子生成配合物。具有以下优点。

① 颜色鲜明，一般 $\varepsilon > 10^4$，灵敏度高。

② 稳定性好，离解常数小。

③ 选择性高，专属性强。

④ 可被有机溶剂萃取，广泛应用于萃取光度法。有机显色剂种类很多，常用的有邻菲啰啉、双硫腙、偶氮胂（铀试剂）等。

3. 显色条件的选择

显色反应是否满足分光光度法要求，除了与显色剂性质有关外，控制好显色条件是十分重要的。在确定了适合的显色剂后需要选择最佳显色条件。显色条件包括溶液酸度、显色剂用量、显色温度及显色时间等。

（1）显色剂用量　设 M 为被测物质，R 为显色剂，MR 为反应生成的有色配合物，则此显色反应可以用下式表示：

$$M + R \longrightarrow MR$$

从反应平衡角度上看，当 M 浓度不变时，加入显色剂的量越多，越利于 MR 的生成，但过量太多也会带来副作用，因此显色剂一般只要适当过量。在实际工作中显色剂用量具体是多少需要经实验来确定，即通过绘制 A-c_R 曲线（或 A-V_R 曲线），来获得显色剂的最佳用量。其方法是：其他条件不变时，在若干被测组分浓度相同的溶液中依次加入不同量的显色剂，稀释至相同体积后分别测定吸光度 A 值，绘制吸光度（A）-显色剂浓度（c_R）曲线。如图 1-16 所示，曲线上平坦部分（$a' \sim b'$）为最佳显色剂用量范围，一般情况下尽量选择较小的显色剂浓度。

（2）溶液酸度的选择　酸度对显色反应有重要的影响，主要表现在三个方面：①酸度对显示剂自身的影响；②酸度对显色完全程度的影响；③酸度对高价金属离子水解程度的

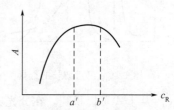

图 1-16　吸光度与显色剂浓度的关系曲线

影响。

由于以上原因，酸度对显色反应的影响是很大的，而且是多方面的。溶液的酸度不能任意大小，只能通过实验来确定。方法是：在相同测定条件下，固定待测组分及显色剂浓度，不断改变溶液 pH 配制多个显色液，分别测定其吸光度，绘制 A-pH 关系曲线，如图 1-17 所示。曲线上平坦部分（$pH_1 \sim pH_2$）为最佳 pH 范围，在这个范围内，溶液的 pH 改变时吸光度基本保持不变，采用缓冲溶液控制溶液的 pH 效果较好。

（3）显色时间　好的显色过程应该满足既能快速达到最大平衡浓度，又能保持这个最大浓度较长的一段时间，分别称为"显色时间"和"稳定时间"。显色时间不能太长，否则测定结果误差较大，一般要求显色时间在几分钟内。确定显色及稳定时间的方法：配制一份显色溶液，从加入显色剂瞬间开始计时，每隔一定时间（开始间隔短，随后时间逐渐加长）测吸光度一次，绘制吸光度与时间的关系曲线（A-t 曲线）。曲线平坦部分对应的时间就是测定吸光度的最适宜时间，如图 1-18 所示。

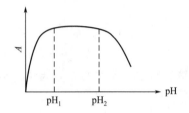 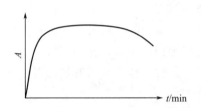

图 1-17　吸光度与 pH 的关系曲线　　　　图 1-18　吸光度与显色时间关系曲线

（4）显色温度　不同的显色反应需要在不同的温度下进行。大多数显色反应可以在常温下进行，但也有些反应在常温下反应较缓慢。例如 Fe^{3+} 和邻菲啰啉的显色反应常温下就可完成，而硅钼蓝法测微量硅时，要在沸水中才可以快速反应完全。对于不同的显色反应所需要的温度仍需要通过实验来确定。

除以上影响因素外，不同的溶剂也会有影响，在此不再阐述。

（二）仪器测量条件的选择

1. 测定波长的选择

在分光光度法测定时，一般情况下选择最大吸收波长 λ_{max} 为入射波长，这样可以提高测定的灵敏度。但如果 λ_{max} 处有共存组分的干扰时，则应该考虑选择灵敏度稍低却可以消除干扰的测定波长，即"吸收最大，干扰最小"原则，如图 1-19 所示。

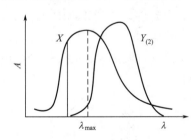

图 1-19　测量波长的选择

2. 吸光度读数范围的选择

任何一台分光光度计都存在透射比的读数误差 $\Delta\tau$，$\Delta\tau$ 数值的大小是衡量仪器精密度的重要指标之一，一般为 $\pm 0.1\% \sim \pm 0.5\%$，由于 τ 与浓度 c 不是线性关系，故不同浓度时的 $\Delta\tau$ 引起的浓度误差不同，它们之间的关系如下：

$$\frac{\Delta c}{c} = \frac{0.434\Delta\tau}{\tau \lg\tau}$$

从上式可以得到，在分光光度法测量过程中，所产生的浓度相对误差 $\Delta c/c$ 不仅与仪器精度有关，而且与试液的透射比大小有关。对于给定仪器，式中 $\Delta\tau$ 为定值，故浓度相对误差主要取决于试液透射比数值的大小。如果假设 $\Delta\tau = -0.01$，可以求出不同 τ 时的 $\Delta c/c$，如表 1-2 所示。

表 1-2　不同透光率时测定浓度的相对误差 $\Delta c/c$（$\Delta\tau=-0.01$）

$\tau/\%$	95	90	80	70	60	50	36.8	30	20	10	5	2
$(\Delta c/c)/\%$	20.5	10.5	5.6	4.0	3.3	2.9	2.7	2.8	3.2	4.3	6.5	12.8

　　如果仪器透射比读数绝对误差为 ±0.01，当 $\tau=36.8\%$（$A=0.434$）时，浓度测定的相对误差最小。透射比在 $70\%\sim10\%$ 的范围内，浓度测量误差为 $2.7\%\sim4.3\%$。测量吸光度过高或过低，误差都很大，如果要求相对误差小于 4%，适宜的吸光度范围为 $0.2\sim0.8$。实际工作中，可以通过调节被测溶液的浓度（如改变取样量，改变显色溶液的总体积等）、使用厚度不同的比色皿来调整待测溶液的吸光度，使其在适宜的吸光度范围内。

3. 参比溶液的选择

　　参比溶液有时也叫空白溶液，紫外-可见分光光度法及其他吸收光谱法都要用到参比溶液。参比溶液的作用主要有两方面，一是用来调节仪器吸光度等于零或百分透射比为 100，以作为测量的相对标准；二是用来消除溶液中其他成分以及比色皿和溶剂对光的反射和吸收带来的干扰，以减小测量误差。

　　常用的参比溶液有以下几种，可根据具体情况进行选择。

　　（1）溶剂空白　如果试液及显色剂均无色，以纯溶剂（常常是蒸馏水）作参比溶液。溶剂空白可以消除溶剂的干扰。

　　（2）试剂空白　也叫试剂参比，是指参比与样品溶液平行操作，样品溶液里面加什么参比中就加什么，只是不加待测组分溶液，例如邻菲啰啉法测水中微量铁含量的实验中用的就是试剂空白做参比液。当显色剂有颜色而其他试剂无色时常用试剂空白做参比。

　　（3）样品参比　如果试样中其他共存组分有吸收，但不与显色剂反应，则当显色剂在测定波长无吸收时，可用试样溶液作参比溶液，即将试液与显色溶液作相同处理，只是不加显色剂。这种参比溶液可以消除有色离子的影响。

　　在测定吸光度时，应根据不同的情况选择不同的参比溶液。有时情况比较复杂，显色剂和试液均有颜色时，可将一份试液加入适当掩蔽剂，将被测组分掩蔽起来，使之不再与显色剂作用，而显色剂及其他试剂均按试液测定方法加入，以此作为参比溶液，这样就可以消除显色剂和一些共存组分的干扰。还可以改变加入试剂的顺序，使被测组分不发生显色反应，以此溶液作为参比溶液，消除干扰。

 习题

　　1. 吸收曲线又称吸收光谱，是以_____为横坐标，以_____为纵坐标所描绘的曲线。

　　2. 朗伯-比耳定律：$A=Kbc$，其中符号 c 代表_____，b 代表_____，K 称为_____。当 c 等于_____，b 等于_____，则符号 K 以符号_____表示，并称为_____。

　　3. 按照比耳定律，浓度 c 与吸光度 A 之间的关系应是一条通过原点的直线，事实上容易发生线性偏离，导致偏离的原因有_____和_____两大因素。

4. 分光光度法测量时，通常选择_____作测定波长，此时，试样溶液浓度的较小变化将使吸光度产生_____改变。

5. 分光光度计的种类型号繁多，但都是由下列基本部件组成_____、_____、_____、_____、_____。

6. 分光光度法对显色反应的要求有_____，_____，_____，_____。

7. 通常把有色物质与显色剂的最大吸收波长之差 $\Delta\lambda_{max}$ 称为_____，分光光度分析要求 $\Delta\lambda_{max}\approx$_____ nm。

8. 符合比耳定律的有色溶液稀释时，其最大吸收峰的波长位置（　　）。

A. 向长波方向移动　　　　　　　　　B. 向短波方向移动

C. 不移动，但高峰值降低　　　　　　D. 不移动，但高峰值增大

9. 在可见分光光度计中，常用的检测器是（　　）。

A. 光电管　　　　B. 测辐射热器　　　　C. 硒光电池　　　　D. 光电倍增管

10. 分光光度计（可见）的光源是（　　）。

A. 钨丝灯　　　　B. 低压氢灯　　　　C. 碘钨灯　　　　D. 氘灯

11. 绘制工作曲线的主要作用是（　　）。

A. 选择测定波长　　　　　　　　　　B. 选择显色剂

C. 选择比色皿　　　　　　　　　　　D. 测定样品含量

12. 绘制吸收曲线的主要作用是（　　）。

A. 选择测定波长　　　　　　　　　　B. 选择显色剂

C. 选择比色皿　　　　　　　　　　　D. 测定样品含量

13. 为了绘制工作曲线，待测组分标准系列显色溶液至少应该配制（　　）。

A. 2个　　　　　　B. 3个　　　　　　C. 4个　　　　　　D. 5个

14. 工厂分析中，应用得最多的定量分析方法（　　）。

A. 工作曲线法　　　B. 增量法　　　　C. 标准对照法　　　D. 都可以

15. 在分光光度法中，宜选用的吸光度读数范围为（　　）。

A. 0～0.2　　　　B. 0.1～0.3　　　　C. 0.3～1.0　　　　D. 0.2～0.8

16. 用分光光度计测量有色物质的浓度，相对误差最小的吸光度为（　　）。

A. 0.343　　　　　B. 0.334　　　　　C. 0.443　　　　　D. 0.434

17. 有色化合物的摩尔吸光系数 ε 与灵敏度的关系为（　　）。

A. ε 越大，灵敏度越低　　　　　　　B. ε 越大，灵敏度越高

C. ε 越小，灵敏度越高　　　　　　　D. ε 与灵敏度无关

18. 分光光度法测定微量铁试验中，缓冲溶液是指（　　）溶液。

A. 乙酸-乙酸钠　　　　　　　　　　　B. 氨-氯化铵

C. 碳酸钠-碳酸氢钠　　　　　　　　　D. 磷酸钠-盐酸

19. 有一标准 Fe^{3+} 溶液，浓度为 $6\mu g \cdot mL^{-1}$，其吸光度为 0.304，而试样溶液在同一条件下测得吸光度为 0.510，求试样溶液中 Fe^{3+} 的含量（$mg \cdot L^{-1}$）。

20. 将 2.481mg 的某碱（BOH）的苦味酸（HA）盐溶于 100mL 乙醇中，在 1cm 比色皿中测得其 380nm 处吸光度为 0.598，已知苦味酸的摩尔质量为 $229g \cdot mol^{-1}$，求该碱的摩尔质量。（已知其摩尔吸光系数 ε 为 2×10^4）

硫酸铜（CuSO₄）的妙用

烈日炎炎的夏天，当你纵身跳入淡蓝淡蓝的游泳池中游泳时，你是否知道，这水池中的水就是很稀的硫酸铜溶液，它用来杀灭众多游泳者身上带进来的细菌，以保证所有游泳者的健康。

在医学上，硫酸铜还用来做呕吐剂。当你吃了什么脏东西或误服了什么毒物，医生常用硫酸铜催吐。

或许你最感兴趣的是硫酸铜还是一种有效的防鲨药呢！要说防鲨药，还得从第二次世界大战说起。法西斯为了妄想霸占整个世界，把战争的火焰烧到欧、亚两大洲，在大西洋、太平洋上的海战也空前的残酷。在海战中，敌我双方都有大批舰只被对方击沉，船上幸存的指战员、士兵纷纷弃舰逃命。但是这些亡命者仍然很难逃出死神的追杀，因为在海洋里还有很多饥饿的鲨鱼在等待着他们。为了使自己的官兵能够免遭鲨鱼的围攻、吞灭，美国政府号召全国有识之士都来研究防鲨的药品，许多科学家和各界人士纷纷响应，投入了以药防鲨的实验。

当时有一位著名的文学大师名叫海明威，也在自己熟悉的海域里圈起了一块海面，做起了防鲨药的实验。他把含有硫酸铜和不含硫酸铜的诱饵互相交错地布置在海面上，看鲨鱼有什么反应。

两天后，当他乘船前去检查这些诱饵时，他吃惊地发现鲨鱼已把不含硫酸铜的诱饵吃得精光，而含有硫酸铜的诱饵竟未发生任何变化，海明威高兴得跳了起来，他终于用一种简单的常见的盐类——硫酸铜，就能防鲨鱼了。

不久，美国海军官兵们很快都配备起用这种硫酸铜制成的"护身符"，以防鲨鱼。

实训任务 1　可见分光光度计波长的校正

任务来源

> 　　由于各种原因，分光光度计常会引起刻度盘上的读数与实际通过溶液的波长不符合的现象，需要进行校正。

实训思路

开机预热 ➡ 检查灯泡位置 ➡ 波长校正 ➡ 结果分析

仪器准备

72 型分光光度计（或其他型号分光光度计）；镨钕滤光片；螺丝刀。

实训步骤

一、开机前检查和开机预热

打开仪器电源开关，开启比色皿样品室盖，取出样品室内遮光物（如干燥剂），预热 20min。

二、仪器波长准确度的检查和校正

1. 在比色皿位置插入一块白色硬纸片，将波长调节器从 720nm 向 420nm 方向慢慢转动，观察出口狭缝射出的光线颜色是否与波长调节器所指示的波长相符（黄色光波长范围较窄，将波长调节在 580nm 处应出现黄光），若相符，说明该仪器分光系统基本正常。若相差甚远，应调节灯泡位置。

2. 取出白纸片，在比色皿架内垂直放入镨钕滤光片，以空气为参比，盖上样品室盖，将波长调至 500nm，确定参比池吸光度为 0.000，用比色皿拉杆将镨钕滤光片推入光路，读取吸光度值。以后在 500～540nm 波段每隔 2nm 测一次吸光度值，记录各吸光度值和相应的波长。在吸光度最大值附近，每隔 1nm 波长测定一次吸光度值，直到确认镨钕滤光片的最大吸光度所对应的波长值。

3. 记录数据至实训报告。

4. 结束工作

检查实验数据无误后关闭仪器电源，罩好仪器防尘罩。清理工作台，填写仪器使用记录。

注意事项

（1）每改变一次波长，都应重新调空气参比的 $A=0.000$。

（2）当参比置于光路能调节至 $T=100\%$ 的情况下，灵敏度挡尽可能采用低挡，改变灵敏度挡后应重新校正"0"。

结果与讨论

（1）根据实验数据绘制镨钕滤光片的吸收光谱曲线，计算仪器波长标示值与真实值的误差。

（2）为什么要对分光光度计波长进行校验？

（3）实验室有哪几种不同型号的可见分光光度计？注意学习不同型号分光光度计的操作方法。

实训任务 2   比色皿成套性检查

任务来源

比色皿的光程精度与其标示值有微小误差，实际工作中，为了消除误差，在测量前必须对比色皿进行配套性检查。

实训思路

开机预热 ➡ 比色皿准备 ➡ 透射比测定 ➡ 比色皿校正 ➡ 结果分析

仪器准备

72 型分光光度计（或其他型号分光光度计）；比色皿；蒸馏水。

一、开机前检查和开机预热

1. 打开仪器电源开关，开启比色皿样品室盖，取出样品室内遮光物（如干燥剂），预热20min。

2. 用波长调节旋钮将波长调至600nm，设置参比池吸光度为0。

二、比色皿的准备

1. 检查比色皿透光面是否有划痕的斑点，比色皿各面是否有裂纹，如有则不应使用。

2. 在选定的比色皿毛面上口附近，用铅笔标上进光方向并编号。用蒸馏水冲洗2～3次［必要时可用（1+1）HCl溶液浸泡2～3min，再立即用水冲洗净］。

3. 用拇指和食指捏住比色皿两侧毛面，分别在4个比色皿内注入蒸馏水到池高的3/4，用滤纸吸干池外壁的水滴（注意，不能擦），再用擦镜纸或丝绸巾轻轻擦拭光面至无痕迹。按池上所标箭头方向（进光方向）垂直放在比色皿架上，并用比色皿夹固定好。

三、比色皿成套性检查

1. 将1号比色皿推入光路中，选择透射比模式，按"0A/100％T"键，此时显示器显示的"BLA"直至显示 T 为100。

2. 拉动比色皿架拉杆，依次将其他比色皿推入光路，读取相应的透射比。若所测各比色皿透射比偏差小于0.5％，则这些比色皿可配套使用。

四、测定比色皿校正值

确认比色皿配套后，改变仪器到吸光度测量模式。选择4个比色皿中透射比最大的比色皿为参比，测定其他比色皿的吸光度，根据测量结果记录各比色皿的校正值至实训报告中。

五、结束工作

操作完毕，关闭电源。取出比色皿，清洗后晾干入盒保存。罩好仪器防尘罩，清理工作台。

: 注意事项 :

（1）拿取比色皿时，只能用手指接触两侧的毛玻璃面，不可接触光学面。

（2）比色皿内溶液不可装得过满，以免溢出，腐蚀吸收架和仪器。

（3）往比色皿中盛放溶液时尽量使溶液沿着比色皿内壁缓缓装入，以免池内出现气泡。

: 结果与讨论 :

（1）根据实验数据，求出本小组各比色皿的校正值。

（2）在使用比色皿时，应如何保护比色皿光学面？

（3）如何进行比色皿的配对检查？

实训任务 3　　水中微量铁含量的测定

分光光度法测定水中微量铁含量是最经典成熟的分析方法，如何测定？

任务来源

⟐ 实训思路 ⟐

开机预热 ➡ 溶液配制 ➡ 绘制吸收曲线 ➡ 绘制工作曲线 ➡ 试样分析

⟐ 仪器准备 ⟐

分光光度计 1 台；1000mL 容量瓶 1 个；50mL 容量瓶 10 个；10mL 吸量管 2 支；5mL 吸量管 3 支；2mL 吸量管 1 支；1mL 吸量管 1 支。

⟐ 试剂准备 ⟐

（1）铁标准溶液（100.0μg·mL^{-1}）：准确称取 0.8634g 硫酸亚铁铵置于烧杯中，加入 10mL 硫酸溶液 $[c(H_2SO_4)=3mol·L^{-1}]$，移入 1000mL 容量瓶中，用蒸馏水稀至标线，摇匀。

（2）铁标准溶液（20.00μg·mL^{-1}）：移取 100.0μg·mL^{-1} 铁标准溶液 20.00mL 于 100mL 容量瓶中，并用蒸馏水稀至标线，摇匀。

（3）盐酸羟胺溶液：100g·L^{-1}（用时配制）。

（4）邻菲啰啉溶液（1.5g·L^{-1}）：先用少量乙醇溶解，再用蒸馏水稀释至所需浓度（避光保存，两周内有效）。

（5）醋酸钠溶液：1.0mol·L^{-1}。

⟐ 实训步骤 ⟐

一、准备工作

1. 清洗容量瓶、移液管及需用的玻璃器皿。

2. 配制铁标准溶液和其他辅助试剂。

3. 按仪器使用说明书检查仪器。开机预热 20min，并调试至工作状态。

4. 检查仪器波长的正确性和比色皿的配套性。

二、测量波长的选择

1. 配制溶液　取两个 50mL 干净的容量瓶，移取 20.00μg·mL^{-1} 铁标准溶液 5.00mL 于其中一个 50mL 容量瓶中，然后在两容量瓶中各加入 1mL100g·L^{-1} 盐酸羟胺溶液，摇匀。放置 2min 后，各依次加入 5mL 醋酸钠（1.0mol·L^{-1}）溶液、2mL 1.5g·L^{-1} 邻菲啰啉溶液，用蒸馏水稀至刻线，摇匀。

2. 吸光度测量　用 1cm 比色皿，以试剂空白为参比，在 440～540nm 间，每隔 10nm 测量一次吸光度。在峰值附近每间隔 2nm 测量一次吸光度。

3. 绘制吸收曲线　以波长为横坐标，吸光度为纵坐标绘制吸收光谱曲线，确定最大吸收波长。

三、配制工作溶液及样品溶液

1. 准备 8 个洁净的 50mL 容量瓶。

2. 于 6 个洁净的 50mL 容量瓶中，各加入 20.00μg·mL^{-1} 铁标准溶液 0.00mL、2.00mL、4.00mL、6.00mL、8.00mL、10.00mL，在另 2 支容量瓶中分别加入若干未知试液。

3. 在 8 个容量瓶中各加入 1mL100g·L^{-1} 盐酸羟胺溶液，摇匀。放置 2min 后，各依次加入 5mL 醋酸钠（1.0mol·L^{-1}）溶液、2mL1.5g·L^{-1} 邻菲啰啉溶液，用蒸馏水稀至刻线，摇匀。

四、绘制工作曲线及样品测定

1. 吸光度测量　选用可配套使用的比色皿，以试剂空白为参比溶液，在上述确定的最大波长下，测定各溶液吸光度并记录至实训报告。

2. 绘制工作曲线　根据上述实验数据绘制工作曲线并查得样品溶液的浓度。

五、结束工作

1. 检查数据无明显错误后方可关闭仪器电源，整理比色皿，罩好仪器防尘罩，填写仪器使用记录。

2. 清洗玻璃器皿并放回原处，整理工作台面。

注意事项

（1）显色过程中，每加入一种试剂均要摇匀。

（2）在测量过程中，应不时重调仪器零点和参比溶液的 $A = 0.000$。

（3）标准系列溶液的浓度取值要合适，控制大多数溶液吸光度数值的适宜范围为 $0.2 \sim 0.8$。

结果与讨论

（1）用步骤二所得的数据绘制 Fe^{2+}-邻菲啰啉的吸收曲线，选取测定的入射光波长（λ_{max}）。

（2）绘制铁的标准工作曲线，计算回归方程和相关系数。

（3）由试样的测定结果，求出试样中铁的平均含量，计算测定相对偏差。

（4）铁标准溶液制备为什么要稀释成 $20.0 \mu g \cdot mL^{-1}$，而不是其他浓度？

（5）在显色操作时，邻菲啰啉溶液、盐酸羟胺溶液与醋酸钠溶液的作用是什么？

实训任务 4　分光光度法测铁条件的选择

为了使测定结果有较高灵敏度和准确度，必须选择合适的显色条件和测量条件。

任务来源

实训思路

开机预热 ➡ 溶液配制 ➡ 绘制 A-V_R 曲线 ➡ 绘制 A-pH 曲线 ➡ 结果分析

仪器准备

分光光度计 1 台；50mL 容量瓶 6 个；10mL 吸量管 1 支；5mL 吸量管 1 支；2mL 吸量管 1 支；1mL 吸量管 1 支。

试剂准备

（1）铁标准溶液（$100.0 \mu g \cdot mL^{-1}$）：准确称取 0.8634g 硫酸亚铁铵置于烧杯中，加入 10mL 硫酸溶液 $[c(H_2SO_4) = 3mol \cdot L^{-1}]$，移入 1000mL 容量瓶中，用蒸馏水稀至标线，摇匀。

（2）铁标准溶液（20.00μg·mL^{-1}）：准确移取 100.0μg·mL^{-1}铁标准溶液 20.00mL 于 100mL 容量瓶中，并用蒸馏水稀至标线，摇匀。

（3）盐酸羟胺溶液 100g·L^{-1}（用时配制）。

（4）邻菲啰啉溶液 1.5g·L^{-1}，先用少量乙醇溶解，再用蒸馏水稀释至所需浓度（避光保存，两周内有效）。

（5）醋酸钠溶液 1.0mol·L^{-1}。

（6）氢氧化钠溶液 1.0mol·L^{-1}。

实训步骤

一、准备工作

1. 清洗容量瓶、移液管及需用的玻璃器皿。

2. 配制铁标准溶液和其他辅助试剂。

3. 按仪器使用说明书检查仪器。开机预热 20min，并调试至工作状态。

二、显色剂用量实验

1. 溶液配制　取 6 只洁净的 50mL 容量瓶，各加入 20.00μg·mL^{-1}铁标准溶液 5.00mL、1mL 100g·L^{-1}盐酸羟胺溶液（摇匀），5mL 醋酸钠溶液后，分别加入 0.0mL、0.5mL、1.0mL、2.0mL、3.0mL、4.0mL 1.5g·L^{-1}邻菲啰啉，用蒸馏水稀至标线，摇匀。

2. 吸光度测量　用 1cm 比色皿，以试剂空白溶液为参比，在选定的波长下测定上述溶液的吸光度。记录各吸光度值至实训报告。

三、溶液 pH 的影响

1. 溶液配制　在 6 只洁净的 50mL 容量瓶中，各加入 20.00μg·mL^{-1}铁标准溶液 5.00mL，1mL 100g·L^{-1}盐酸羟胺溶液，摇匀。用吸量管分别加入 1mol·L^{-1} NaOH 溶液 0.0mL、0.5mL、1.0mL、1.5mL、2.0mL、2.5mL，摇匀。再分别加入 2mL 1.5g·L^{-1}邻菲啰啉溶液，用蒸馏水稀释至标线，摇匀。用精密 pH 试纸（或酸度计）测定各溶液的 pH 并记录至实训报告。

2. 吸光度测量　以试剂空白为参比溶液，在选定波长下，测定各溶液的吸光度。记录所测各溶液的吸光度至实训报告。

四、结束工作

测量完毕，关闭电源，拔下电源插头，取出比色皿，清洗晾干后入盒保存。清理工作台，罩上仪器防尘罩，填写仪器使用记录。清洗容量瓶和其他所用的玻璃仪器并放回原处。

注意事项

（1）显色过程中，每加入一种试剂均要摇匀。

（2）NaOH 的体积加入量必须准确控制。

结果与讨论

（1）绘制吸光度-显色剂用量曲线，确定合适的显色剂用量。

（2）绘制吸光度-pH 曲线，确定适宜的 pH 范围。

（3）邻菲啰啉法测铁的显色剂用量和 pH 范围为多少最适宜？试分析超过此范围的影响是什么？

技能目标

掌握可见分光光度法测定有色混合物各组分的原理和方法。

知识目标

理解吸光度的加和性；学会多组分分析的计算方法。

实训任务

混合液中钴离子和铬离子的测定。

> 我们已经做过了单组分溶液的测定，那么多组分溶液如何测定呢？

一、多组分定量分析原理

在项目二中已经介绍过单组分体系的分析方法，对于多组分体系，在某一波长下，如果样品中各种对光有吸收的物质之间没有相互作用，则体系在该波长处的总吸光度等于各组分的吸光度之和，即吸光度具有加和性，称为吸光度加和性原理。可表示如下：

$$A = A_1 + A_2 + A_3 + \cdots + A_n = \sum_{i=1}^{n} A_i \tag{1-14}$$

因此，朗伯-比耳定律既可用于单组分分析，也可用于多组分的同时测定。

二、双组分定量分析

由于吸光度具有加和性，使得多组分混合物的吸收光谱较为复杂，在此只介绍双组分体系的分析方法。一般来说，双组分的吸收光谱会出现吸收峰不重叠 [图 1-20(a)]、部分重叠 [图 1-20(b)] 及完全重叠 [图 1-20(c)] 三种现象。测量时要根据所要测的物质的吸收情况采用不同的分析方法。

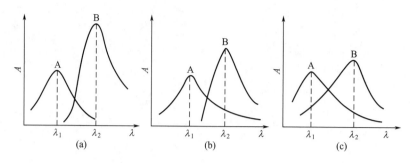

图 1-20　双组分吸收峰三种情况

1. 双组分吸收峰不重叠

当双组分吸收峰不重叠［图 1-20(a)］时，测量某个组分可不受另一组分的干扰，在各组分的最大吸收波长处，按照单组分测定的方法分别测定 A、B 组分的浓度。

2. 双组分吸收峰部分重叠

当双组分吸收峰部分重叠［图 1-20(b)］时，可以看出 A 组分对 B 组分的测定有干扰，而 B 组分对 A 组分的测定没有干扰。首先测定纯物质 A 和 B 分别在 λ_1、λ_2 处的吸光系数 $\varepsilon_{\lambda_1}^A$、$\varepsilon_{\lambda_1}^B$、$\varepsilon_{\lambda_2}^A$ 和 $\varepsilon_{\lambda_2}^B$，再单独测量混合组分溶液在 λ_1 处的吸光度 $A_{\lambda_1}^A$，求得组分 A 的浓度 c_A。然后在 λ_2 处测量混合溶液的吸光度 $A_{\lambda_2}^{A+B}$，根据吸光度的加和性，即得：

$$A_{\lambda_2}^{A+B} = A_{\lambda_2}^A + A_{\lambda_2}^B = \varepsilon_{\lambda_2}^A bc_A + \varepsilon_{\lambda_2}^B bc_B$$

3. 双组分吸收峰完全重叠

当双组分吸收峰完全重叠［图 1-20(c)］时，从图中看出，两组分在 λ_1、λ_2 处都有吸收，两组分彼此互相干扰。在这种情况下，需要首先测定纯物质 A 和 B 分别在 λ_1、λ_2 处的吸光系数 $\varepsilon_{\lambda_1}^A$、$\varepsilon_{\lambda_1}^B$、$\varepsilon_{\lambda_2}^A$ 和 $\varepsilon_{\lambda_2}^B$，再分别测定混合组分溶液在 λ_1、λ_2 处溶液的吸光度 $A_{\lambda_1}^{A+B}$ 及 $A_{\lambda_2}^{A+B}$，

然后列出联立方程：$A_{\lambda_1}^{A+B} = \varepsilon_{\lambda_1}^A bc_A + \varepsilon_{\lambda_1}^B bc_B$

$$A_{\lambda_2}^{A+B} = \varepsilon_{\lambda_2}^A bc_A + \varepsilon_{\lambda_2}^B bc_B$$

求得 c_A、c_B 分别为：$c_A = \dfrac{\varepsilon_{\lambda_2}^B A_{\lambda_1}^{A+B} - \varepsilon_{\lambda_1}^B A_{\lambda_2}^{A+B}}{(\varepsilon_{\lambda_1}^A \varepsilon_{\lambda_2}^B - \varepsilon_{\lambda_2}^A \varepsilon_{\lambda_1}^B)b}$

$$c_B = \dfrac{\varepsilon_{\lambda_2}^A A_{\lambda_1}^{A+B} - \varepsilon_{\lambda_1}^A A_{\lambda_2}^{A+B}}{(\varepsilon_{\lambda_1}^B \varepsilon_{\lambda_2}^A - \varepsilon_{\lambda_2}^B \varepsilon_{\lambda_1}^A)b}$$

式中，c_A、c_B 分别为 A 组分和 B 组分的浓度；$\varepsilon_{\lambda_1}^A$、$\varepsilon_{\lambda_1}^B$ 分别是 A 组分和 B 组分在波长 λ_1 和 λ_2 处的摩尔吸光系数；$\varepsilon_{\lambda_2}^A$、$\varepsilon_{\lambda_1}^B$ 分别是 A 组分和 B 组分在波长 λ_2 和 λ_1 处的摩尔吸光系数；$\varepsilon_{\lambda_1}^A$、$\varepsilon_{\lambda_1}^B$、$\varepsilon_{\lambda_2}^A$、$\varepsilon_{\lambda_1}^B$ 可以用 A、B 的标准溶液分别在 λ_1 和 λ_2 处测定吸光度后计算求得。将 $\varepsilon_{\lambda_1}^A$、$\varepsilon_{\lambda_1}^B$、$\varepsilon_{\lambda_2}^A$、$\varepsilon_{\lambda_1}^B$ 代入方程组，可得两组分的浓度。

解联立方程组法也可用于溶液中两种以上组分的同时测定，但组分多分析误差也会增大。

习题

1. 对于多组分体系，吸光度的值具_____性，计算公式为_____。

2. 用分光光度法测定样品中双组分含量时，若两组分吸收曲线重叠，其定量方法是根据（　　）建立的多组分光谱分析数学模型。

  A. 朗伯定律　　　　　　　　　　　B. 朗伯定律和加和性原理

  C. 比耳定律　　　　　　　　　　　D. 比耳定律和加和性原理

3. 为测定含 A 和 B 两种有色物质中 A 和 B 的浓度，先以纯 A 物质作工作曲线，求得 A 在 λ_1 和 λ_2 时的 $\varepsilon_{\lambda_1} = 4800$ 和 $\varepsilon_{\lambda_2} = 700$；再以纯 B 物质作工作曲线，求得 $\varepsilon_{\lambda_1}^{B} = 800$ 和 $\varepsilon_{\lambda_2}^{B} = 4200$。对试液进行测定，得 $A_1 = 0.580$ 与 $A_2 = 1.10$。求试液中 A 和 B 的浓度。在上述测定时均使用 1cm 比色皿。

知识窗

诺贝尔奖

  诺贝尔奖是近代史上最负盛誉的国际性奖。这项奖是根据 19 世纪末瑞典著名化学家——艾尔弗雷德·诺尔生前的遗愿，以其财产作为基金设置的。它创立于 1898 年，迄今已有 100 多年的历史。根据化学史料，现辑录几则数据，以飨读者。

  获奖人数，自 1901 年至 1986 年共有 19 个国家的 105 位化学家获奖。获奖最多的年龄阶段为，在 50～59 岁之间获奖的化学家有 41 位，居首位；其次是 40～49 岁年龄段，共有 28 人获奖。

  获奖最多的化学家的国籍，美籍化学家获奖人数最多，有 32 位，其次是德国，24 人获奖。获奖化学家的性别，男性 102 人，女性 3 人。3 位女性化学家是：居里夫人、伊伦·约里奥·居里（居里夫人的长女）及英国的多萝西·霍奇金。

  两次获奖者，截至 1986 年，在 105 位获奖者中，只有一人唯一得过两次化学奖，他是英国的弗雷德里克·桑格。1958 年和 1980 年分别获奖。

  年龄最大和最小者，前联邦德国的格奥尔·维蒂希在 82 岁时（1979 年）获奖。这是获奖者中最年长的一位。法国的约里奥·居里（居里夫人的女婿）在 35 岁时与妻子伊伦共同荣获 1935 年的化学奖，成为迄今为止最年轻的化学奖获得者。这也是目前唯一的一对夫妻双双获化学奖者。

  中断发奖的年份，1940、1941、1942 年因战争未评奖，1916、1917、1919、1924、1933 年也未评奖，原因不详。

  发奖遇到的麻烦，1939 年，希特勒强迫德国科学家查德·库赫恩和阿道夫·布泰纳恩德特放弃化学奖，盖尔哈德·多马克放弃医学奖。

实训任务　混合液中钴离子和铬离子的测定

日常工作中常会遇到多组分体系，如何用分光光度法测定有色混合物中各组分的含量？

任务来源

开机预热 ➡ 溶液配制 ➡ 绘制吸收曲线 ➡ 绘制工作曲线 ➡ 试样分析

◈ **仪器准备** ◈

分光光度计 1 台；50mL 容量瓶 9 个；10mL 吸量管 2 支。

◈ **试剂准备** ◈

（1） $Co(NO_3)_2$ 溶液，$0.700mol \cdot L^{-1}$。

（2） $Cr(NO_3)_3$ 溶液，$0.200mol \cdot L^{-1}$。

◈ **实训步骤** ◈

一、准备工作

1. 清洗容量瓶、吸量管及需用的玻璃器皿。

2. 配制 $0.700mol \cdot L^{-1} Co(NO_3)_2$ 溶液和 $0.200mol \cdot L^{-1} Cr(NO_3)_3$ 溶液。

3. 按仪器使用说明书检查仪器。开机预热 20min，并调试至工作状态。

4. 检查仪器波长的正确性和比色皿的配套性。

二、系列标准溶液的配制

取 4 个洁净的 50mL 容量瓶，分别加入 2.50mL、5.00mL、7.50mL、10.00mL 0.700mol · L⁻¹ $Co(NO_3)_2$ 溶液，另取 4 个洁净的 50mL 容量瓶，分别加入 2.50mL、5.00mL、7.50mL、10.00mL 0.200mol · L⁻¹ $Cr(NO_3)_3$ 溶液，分别用蒸馏水将各容量瓶中的溶液稀至标线，摇匀。

三、测绘 $Co(NO_3)_2$ 和 $Cr(NO_3)_3$ 溶液的吸收光谱曲线

取步骤二配制的 $Co(NO_3)_2$ 和 $Cr(NO_3)_3$ 系列标准溶液各一份，以蒸馏水为参比，在 420～700nm，每隔 20nm 测一次吸光度（在峰值附近间隔小些），分别绘制 $Co(NO_3)_2$ 和 $Cr(NO_3)_3$ 的吸收曲线，并确定 λ_1 和 λ_2。

四、工作曲线的绘制

以蒸馏水为参比，在 λ_1 和 λ_2 处分别测定步骤二配制的 $Co(NO_3)_2$ 和 $Cr(NO_3)_3$ 系列标准溶液的吸光度，并记录各溶液不同波长下的相应吸光度（记录表格见相关实训报告内容）。

五、未知试液的测定

取一个洁净的 50mL 容量瓶，加入 5.00mL 未知试液，用蒸馏水稀至标线，摇匀。在波长 λ_1 和 λ_2 处测量试液的吸光度 $A_{\lambda_1}^{Co+Cr}$ 和 $A_{\lambda_2}^{Co+Cr}$。

六、结束工作

测量完毕，关闭仪器电源，取出比色皿，清洗晾干后入盒保存，清理工作台，罩上仪器防尘罩，填写仪器使用记录。清洗容量瓶及其他所用的玻璃器皿，并放回原处。

◈ **注意事项** ◈

绘制吸收曲线时，每改变一次波长，都必须重调参比溶液的 $A = 0.000$。

◈ **结果与讨论** ◈

（1）绘制 $Co(NO_3)_2$ 和 $Cr(NO_3)_3$ 的吸收曲线，并确定 λ_1 和 λ_2。

（2）分别绘制 $Co(NO_3)_2$ 和 $Cr(NO_3)_3$ 在 λ_1 和 λ_2 下四条工作曲线，并求出 $\varepsilon_{\lambda_1}^{Co}$、$\varepsilon_{\lambda_2}^{Co}$、$\varepsilon_{\lambda_1}^{Cr}$、$\varepsilon_{\lambda_2}^{Cr}$。

（3）由测得的未知试液 $A_{\lambda_1}^{Co+Cr}$ 和 $A_{\lambda_2}^{Co+Cr}$，利用公式计算未知试样中 $Co(NO_3)_2$ 和 $Cr(NO_3)_3$ 的浓度。

（4）同时测定两组分混合液时，应如何选择入射光波长？

（5）吸光系数与哪些因素有关？实验中如何求得？

项目四 无色溶液的测定——紫外分光光度法

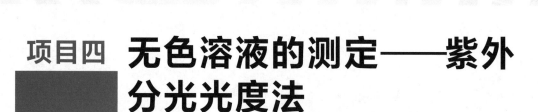

技能目标

熟练使用紫外-可见分光光度计；掌握有机物紫外吸收光谱曲线的绘制方法；学会利用吸收光谱曲线对化合物定性；利用标准工作曲线对试样进行定量分析。

知识目标

掌握紫外分光光度计的各组成部分及基本工作原理。

实训任务

苯甲酸含量的测定；紫外分光光度法测定未知物。

学习了有色溶液的测定，那么无色溶液如何测定呢？

一、有机化合物的紫外吸收光谱

（一）紫外分光光度法的概念

大多数有机物在紫外区有强烈的吸收，利用有机物对紫外线的吸收光谱来进行分析的方法叫紫外分光光度法。紫外线的波长范围为 $10 \sim 400nm$，分为远紫外线（$10 \sim 200nm$）和近紫外线（$200 \sim 400nm$）。远紫外线会被空气强烈吸收，因此紫外分光光度法主要是利用近紫外线。紫外吸收光谱与可见吸收光谱同属分子光谱，都是由分子中价电子能级跃迁产生的。不过紫外吸收光谱与可见吸收光谱相比，具有一些突出的特点：它可以对在紫外区内有吸收峰的物质进行鉴定和结构分析，主要是共轭体系及芳香族化合物的分析；常用于无色透明有机溶液的定量测定，由于无需显色，这种测定方法更为简便且快速。

紫外分光光度法的定量分析具有很高的灵敏度和准确度，可测至 $10^{-7} \sim 10^{-4} g \cdot mL^{-1}$，相对误差可达 1% 以下，因而它在定量分析领域有着广泛的应用。

（二）紫外吸收光谱曲线的绘制及应用

1. 紫外吸收光谱曲线的绘制

紫外吸收光谱与可见吸收光谱一样，常用吸收光谱曲线来描述。即用一束具有连续波长的紫外线照射一定浓度的样品溶液，分别测量不同波长下溶液的吸光度，以吸光度对波长作图，得到该化合物的紫外吸收光谱曲线（A-λ 曲线），如图 1-21 所示。

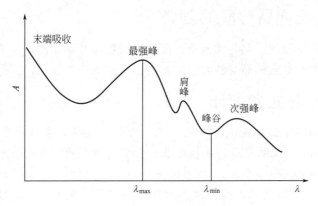

图 1-21　紫外吸收光谱示意

2. 紫外吸收光谱曲线的应用

（1）有机化合物的定性　紫外吸收光谱在某种程度上反映了化合物的性质和结构，所以可以用于有机化合物的定性和结构分析。利用标准样品或标准图谱可以对未知化合物进行鉴定，即控制相同的测量条件，将未知化合物的吸收光谱与标准品或标准图谱进行对照，如果二者吸收光谱的形状、吸收峰的数目、位置、最大吸收波长及吸光强度完全一致，则可说明它们分子结构中存在相同的生色基团，初步确定它们是同一种物质，如咖啡因的定性。

（2）检查纯度　紫外光谱法检查纯度是一种简便有效的方法，用于许多化合物纯度的检测。如阿司匹林在空气中很容易吸收水分产生水杨酸，阿司匹林在 280nm 处有强吸收峰，而水杨酸的强吸收峰迁移到 312nm，只要看 312nm 处是否有吸收峰，就可以判断有无水杨酸。再如无水乙醇精制过程中要用苯，测定无水乙醇中是否残留苯，测定其吸收光谱，乙醇在 210～600nm 之间无吸收峰，而苯在 250nm 和 254nm 有吸收峰，以纯无水乙醇为参比，对样品进行光谱分析，如果在 250nm 和 254nm 处出现吸收峰，则说明有苯残留。

二、紫外分光光度法的定量分析

紫外分光光度法的定量分析的方法原理和可见光分光光度法基本相同，常分为两类情况：单组分测定和多组分测定。

1. 单一物质测定

先测定溶质的吸收光谱，一般用最大吸收波长进行测定，常用的方法有两种。

（1）标准曲线法　用系列标准溶液绘制某组分的标准曲线，样品测定结果查标准曲线求知。

（2）对照管法　制作标准测定管和样品测定管，在特征吸收峰（或最大吸收峰）处测定吸光度进行比较，可直接求出样品含量。

2. 多组分的测定（两物质的最大吸收峰有部分重合）

多组分的测定比较复杂，常见的是双组分的测定。双组分的测定可以根据吸收峰的重叠情况选择不同的测定方法，基本原理与可见分光光度法相同，见项目三。

除此以外，有很多的紫外-可见分光光度计还增加了双波长检测技术，可以用双波长法直接检测混合物中的某组分含量。

三、标准溶液及样品溶液的制备

有机化合物标准溶液的配制与无机物标准溶液的制备基本相同，但是部分有机物的稳定性较差，在配制标准溶液或样品溶液时需要进行必要的处理，以增加其稳定性。

四、紫外-可见分光光度计

有色溶液可以用可见分光光度计（721、722型）来测定，而某些溶液、反应液是无色溶液，对 $200 \sim 400 nm$ 之间的光有特征性吸收，就只能用紫外-可见分光光度计来测量，其波长范围是 $200 \sim 1000 nm$。

紫外-可见分光光度计的基本结构也是由五部分组成：光源、单色器、吸收池、检测器和信号处理及显示系统。与可见分光光度计相比，主要不同的部分在于光源和比色皿，但紫外-可见分光光度计的其他部分配置普遍高于可见分光光度计（见表1-3）。

表1-3 分光光度计主要差异比较

仪器类型	可见分光光度计	紫外-可见分光光度计
光源	钨灯或卤钨灯（320～2500nm）	氢灯或氘灯（180～375nm）
比色皿	玻璃（350～3200nm）	石英（185～4000nm）
单色器	玻璃棱镜或光栅	石英棱镜或光栅

紫外-可见分光光度计中备有钨灯（或卤钨灯）及氢灯（或氘灯）两类光源，如图1-22所示。其中钨灯（或卤钨灯）在可见光区（340～2500nm）使用，而氢灯（或氘灯）在紫外区（160～375nm）使用，如图1-23所示。

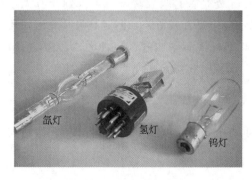

图1-22 常见三种光源

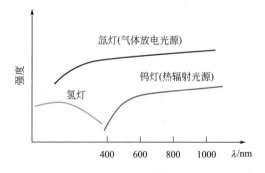

图1-23 钨灯、氢灯及氘灯的辐射波长

氢灯和氘灯为气体放电灯，为了保证发光强度稳定，要用稳压电源供电，它们可在160～375nm范围内产生连续光源。氘灯的灯管内充有氢的同位素氘，它是紫外区应用最广泛的一种光源，其光谱分布与氢灯类似，但光强度比相同功率的氢灯要大3～5倍。

五、测量条件的选择

紫外分光光度法测量时，不需要进行显色，因此测量条件主要是测量波长、吸光度读数范围及参比溶液的选择，选择测量波长通常根据吸收曲线上最大吸收波长或参考国标进行选择。

选择溶剂时要注意所用溶剂在测定波长处应没有明显的吸收，而且对被测物质溶解性要好，不和被测组分发生作用，不含干扰测定的物质。含有杂原子的有机溶剂，通常均具有很强的末端吸收，因此当作溶剂使用时，它们的使用范围均不能小于截止使用波长，如表1-4所示。

表1-4　常用溶剂的波长范围

溶剂	使用波长范围/nm	溶剂	使用波长范围/nm
甲醇	＞210	二氯甲烷	＞235
乙醇	＞215	氯仿	＞245
水	＞210	乙酸乙酯	＞260
96％硫酸	＞210	苯	＞280
乙醚	＞215	甲苯	＞285

另外，当溶剂不纯时，也可能增加干扰吸收。因此，在测定样品前，应先检查所用的溶剂在样品所用的波长附近是否符合要求，即将溶剂置1cm石英比色皿中，以空气为空白（即空白光路中不置任何物质），测定其吸光度。溶剂和比色皿的吸光度，在220～240nm范围内不得超过0.40，在241～250nm范围内不得超过0.20，在251～300nm范围内不得超过0.10，在300nm以上时不得超过0.05，其他与无机物测定基本相同。

六、紫外分光光度法的应用

紫外分光光度法广泛应用在化学、生物化学、医学、环境检测、食品卫生检验分析方面。凡在200～1000nm范围内有特征性吸收，或与试剂反应后形成特征性吸收，符合朗伯-比耳定律的，都可以分析。

（1）测定蛋白质　蛋白质中含有酪氨酸和色氨酸，对280nm的紫外线有最大吸收，吸收值与其浓度成正比，样品不必经过反应，稀释后直接测定。

（2）肌红蛋白　在576nm附近有吸收峰，不需要标准品，通过摩尔吸光系数法，可直接测定。

（3）还原性谷胱甘肽　与四氧嘧啶反应，生成物在305nm处有最大吸收峰。

（4）过氧化氢酶　有可见光测定法，也有紫外法。

（5）抗生素　大部分可用紫外法测定，如青霉素、链霉素、氯霉素、四环素、金霉素、新生霉素。

习题

1. 紫外分光光度法主要是利用（　　　）波长范围的光来进行测定。

A. 10～200nm

B. 200～400nm

C. 400～600nm

D. 600～800nm

2. 在紫外吸收光谱曲线中，能用来定性的参数是（　　　）。

A. 最大吸收峰的吸光度　　　　　　　　B. 最大吸收峰的波长

C. 最大吸收峰处的摩尔吸光系数　　　　D. 最大吸收峰的波长及其摩尔吸光系数

3. 在分光光度法中，运用朗伯-比耳定律进行定量分析应采用的入射光为（　　　）。

A. 白光　　　　　　B. 单色光　　　　　　C. 可见光　　　　　　D. 紫外线

4. 在紫外-可见分光光度计中，可见光区使用的光源是（　　）灯，紫外区使用的光源是（　　）灯。

A. 白炽灯　　　　　B. 钨灯或卤钨灯　　　C. LED 灯　　　　　　D. 氘灯

5. 紫外-可见分光光度计按光路分类有哪几类？各有何特点？

 知识窗

食品安全知识

一、食品安全常识

1. 购买食物时，注意食品包装有无生产厂家、生产日期，是否过保质期，食品原料、营养成分是否标明，有无 QS 标识，不能购买"三无"产品。

2. 打开食品包装，检查食品是否具有它应有的感官性状。不能食用腐败变质、油脂酸败、霉变、生虫、污秽不洁、混有异物或者其他感官性状异常的食品，若蛋白质类食品发黏，渍脂类食品有哈败味，碳水化合物有发酵的气味或饮料有异常沉淀物等均不能食用。

3. 不到无证摊贩处购买盒饭或食物，减少食物中毒的隐患。

4. 注意个人卫生，饭前便后洗手，自己的餐具洗净消毒，不用不洁容器盛装食品，不乱扔垃圾，防止蚊蝇孳生。

5. 少吃油炸、油煎食品。

二、如何判别伪劣食品？

伪劣食品犹如过街老鼠，人人喊打。但人们在日常购物时却难以识别。《伪劣食品防范"七字法"》，以通俗易懂易记的方式引导消费者强化食品安全，自我防范，以期使伪劣食品因缺乏市场而退出市场。防范"七字法"即防"艳、白、反、长、散、低、小"。

一防"艳"。对颜色过分艳丽的食品要提防，如目前上市的草莓像蜡果一样又大又红又亮、咸菜梗亮黄诱人、瓶装的蕨菜鲜绿不褪色等，要留个心眼，是不是在添加色素上有问题？

二防"白"。凡是食品呈不正常不自然的白色，十有八九会有漂白剂、增白剂、面粉处理剂等化学品的危害。

三防"长"。尽量少吃保质期过长的食品，3℃贮藏的包装熟肉禽类产品采用巴氏杀菌的，保质期一般为 7～30 天。

四防"反"。就是防反自然生长的食物，如果食用过多可能对身体产生影响。

五防"小"。要提防小作坊式加工企业的产品，这类企业的食品平均抽样合格率最低，触目惊心的食品安全事件往往在这些企业出现。

六防"低"。"低"是指在价格上明显低于一般价格水平的食品，价格太低的食品大多有"猫腻"。

七防"散"。散就是散装食品，有些集贸市场销售的散装豆制品、散装熟食、酱菜等可能来自地下加工厂。

实训任务 1　　苯甲酸含量的测定

任务来源

苯甲酸溶液有颜色吗？如何测定无色有机物的含量？

实训思路

开机预热 ➡ 比色皿准备 ➡ 溶液配制 ➡ 吸收曲线及工作曲线的绘制 ➡ 结果分析

仪器准备

紫外-可见分光光度计 1 台；1000mL 容量瓶 1 个；100mL 容量瓶 9 个；10mL 吸量管 2 支。

试剂准备

(1) 苯甲酸标准溶液（1.000mg·mL^{-1}）：准确称取 1.000g 苯甲酸置于烧杯中，用蒸馏水溶解，移入 1000mL 容量瓶中，用蒸馏水稀至标线，摇匀。

(2) 苯甲酸标准溶液（100.0μg·mL^{-1}）：移取 1.000mg·mL^{-1} 苯甲酸标准溶液 10.00mL 于 100mL 容量瓶中，并用蒸馏水稀至标线，摇匀。

实训步骤

一、准备工作

1. 清洗容量瓶、吸量管及需用的玻璃器皿。

2. 按仪器使用说明书检查仪器。开机预热 20min，并调试至工作状态。

3. 清洗石英比色皿，进行成套性检验。

二、溶液的配制

1. 准备 8 个洁净的 100mL 容量瓶。

2. 于 6 个洁净的 50mL 容量瓶中，各加入 100.0μg·mL^{-1} 苯甲酸标准溶液 0.00mL、2.00mL、4.00mL、6.00mL、8.00mL、10.00mL，在另 2 支容量瓶中分别加入 5mL 未知试液。用蒸馏水稀至刻线，摇匀。

三、绘制吸收曲线

选用上述 6 号容量瓶中溶液于 1cm 石英比色皿中，以 0 号溶液为参比，在 200～350nm 波长范围内，每隔 10nm 测定一次吸光度（峰值附近每隔 2nm 测一次），绘出吸收曲线，确定最大吸收波长。现代最新仪器可以自动扫描完成并显示相应的吸收光谱曲线。

四、绘制工作曲线

将仪器调至最大吸收波长处，选用可配套使用的比色皿，以 0 号为参比溶液，测定并记录各标准溶液及样品溶液的吸光度，将测量结果记录至实训报告，绘制工作曲线并查得样品浓度。

五、结束工作

1. 检查数据无明显错误后方可关闭仪器电源，整理比色皿，罩好仪器防尘罩，填写仪器使用记录。

2. 清洗玻璃器皿并放回原处，整理工作台面。

注意事项

（1）在步骤三中，每改变波长，必须重调参比溶液 $\tau=100\%$。

（2）标准系列溶液的浓度取值要合适；吸光度数值的适宜范围为 $0.2\sim0.8$。

结果与讨论

（1）绘制苯甲酸的吸收曲线，确定入射光波长。

（2）绘制苯甲酸的 A-c 工作曲线，计算回归方程和相关系数。

（3）利用工作曲线，由试样的测定结果，求出试样中苯甲酸的平均含量，计算测定相对极差。

（4）为什么紫外分光光度计定量测定中没加显色剂？

（5）配制试样溶液浓度的大小，对吸光度测量值有何影响？如何确定试液的稀释倍数？

实训任务 2　　紫外分光光度法测定未知物

如何采用紫外分光光度法对有机物进行定性、定量分析？如何设计实验过程？

任务来源

仪器准备

（1）紫外-可见分光光度计（UV-1800PC-DS2）；配 1cm 石英比色皿 2 个。

（2）容量瓶：100mL 5 个。

（3）吸量管：10mL 5 支。

（4）烧杯：100mL 5 个。

试剂准备

（1）标准溶液：任选三种标准物质溶液（水杨酸、邻菲啰啉、磺基水杨酸、苯甲酸、山梨酸）。

（2）未知液：三种标准物质溶液中的任何一种。

实训步骤

一、吸收池配套性检查

石英比色皿在 220nm 装蒸馏水，以一个比色皿为参比，调节 τ 为 100%，测定其余比色皿的透射比，其偏差应小于 0.5％，可配成一套使用，记录其余比色皿的吸光度值。

二、未知物的定性分析

将三种标准贮备溶液和未知液配制成约为一定浓度的溶液。以蒸馏水为参比，于波长 200～350nm 范围内测定溶液的吸光度，并绘制吸收曲线。根据吸收曲线的形状确定未知物，并从曲线上确定最大吸收波长作为定量测定时的测量波长。190～210nm 处的波长不能选择为最大吸收波长。

三、标准曲线的绘制

分别准确移取一定体积的标准溶液于 100mL 容量瓶中，以蒸馏水稀释至刻线，摇匀（绘制标准曲线必须是七个点，七个点分布要合理）。根据未知液吸收曲线上最大吸收波长，以蒸馏水为参比，测定吸光度。然后以浓度为横坐标，以相应的吸光度为纵坐标绘制标准曲线。

四、未知物的定量分析

确定未知液的稀释倍数，并配制待测溶液于 100mL 容量瓶中，以蒸馏水稀释至刻线，摇匀。根据未知液吸收曲线上最大的吸收波长，以蒸馏水为参比，测定吸光度。根据待测溶液的吸光度，确定未知样品的浓度。未知样平行测定 3 次。

五、结束工作

检查数据无明显错误后方可关闭仪器电源，整理比色皿，罩好仪器防尘罩，填写仪器使用记录。

∴ 注意事项 ∴

（1）选择测量波长要根据未知物的定性结果来确定。

（2）标准系列溶液的浓度取值要合适；吸光度数值适宜范围为 0.2～0.8。

∴ 结果与讨论 ∴

（1）根据未知溶液的稀释倍数，求出未知物的含量。

计算公式：
$$c_0 = c_x n$$

式中　c_0——原始未知溶液的浓度，$\mu g \cdot mL^{-1}$；

　　　c_x——查得的未知溶液的浓度，$\mu g \cdot mL^{-1}$；

　　　n——未知溶液的稀释倍数。

（2）阐述实验的设计思路。

项目五 [*] 水浊度的测定

技能目标

学会使用浊度仪测定水的浊度；完成水样浊度的测定。

知识目标

理解浊度的定义；了解浊度的单位；掌握浊度仪的使用。

实训任务

使用浊度仪测定水的浊度。

> 浊度与色度的区别是什么，如何测定溶液的浊度？

一、浊度的概念

浊度即水的浑浊程度，是指溶液中不溶性悬浮物质或胶体物质对光线透过时所产生的阻碍程度。水中含有泥土、粉尘、微细有机物、浮游动物和其他微生物等悬浮物和胶体物都可使水中呈现浊度。浊度的大小不仅与溶液中颗粒物的量有关，而且与颗粒大小、形状和表面积有关。

浊度测量采用的计量单位较多，如：$mg \cdot L^{-1}$、NTU（散射浊度单位）、FTU（Formazine 浊度单位）、EBC（欧洲啤酒浊度单位）等。例如用目视比浊法测定饮用水和水源水等低浊度水时，通常每升水中含有 1mg 一定粒度的硅藻土为 1 度来表示浊度。使用浊度仪测量水的浊度常采用"NTU"或"FTU"为单位。ISO 标准所用的测量单位为 FTU，FTU 与 NTU（浊度测定单位）一致。制酒行业用 EBC 单位，1FTU＝1EBC。

浊度分析包括目视比浊法和浊度仪法。目视比浊法与目视比色法原理相同、方法类似，在此不再介绍。

二、浊度仪

浊度仪如图 1-24 所示，又称浊度计，是测量液体浊度的仪器，它广泛应用于饮用水、工业用水及废水的水质监测，酿酒行业 EBC 浊度测定及制药工业，防疫部门和医院化验等的试剂和制剂的浊度测定。可供水厂、电厂、工矿企业、实验室及野外实地对水样浑浊度进行测试。该仪器还是饮用水厂办理 QS 认证时所需的必备检验设备。

图 1-24　光电浊度计

1. 浊度仪的种类

浊度仪分为便携式、台式和在线浊度仪。台式一般用于实验室检测浊度；便携式和在线浊度仪一般用于现场检测。便携式用于不连续的检测，在线浊度仪用于连续、现场浊度监测。它可以实时、连续地监测浊度，一般用于自来水厂、污水处理厂、渠道、水利设施、防洪监测、水池等处。

目前使用的浊度仪有散射光式、透射光式和透射散射光式等，通称为光学式浊度计。

2. 浊度仪的组成

浊度仪的光学系统由一个钨丝灯、一个用于监测散射光的 90°检测器和一个透射光检测器组成。仪器微处理器可以计算来自 90°检测器和透射光检测器的信号比率。该比率计算技术可以校正因色度和吸光物质（如活性炭）产生的干扰和补偿因灯光强度波动而产生的影响，可以提供长期的校准稳定性。光学系统的设计也可以减少漂移光，提高测试的准确性。

3. 浊度标液

浊度标液的配制要根据需要选择不同的配制方法，如欧洲水质浊度、国际标准化组织浊度方法及啤酒酿造研究院 IOB 法等。一般都可以用 Formazine（福尔马肼）配制。

4. 浊度仪的使用及维护

（1）浊度仪的使用　为了获取准确的浊度测量值，除了仪器本身具备优良的品质外，还有赖于操作者良好的操作技能和认真严谨的工作态度。如使用洁净的样品、正确的操作方法、认真去除气泡、确保仪器的工作条件将使测得的结果更准确、更精确，重现性、线性也会更好。

（2）浊度仪的维护

① 长时间停用的情况下应定期开机预热一段时间，有利于驱除机器内的潮气。

② 存储及运输期间应避免高温和低温及潮湿的地方，以防止损坏仪器内的光学系统及电气元件。

③ 定期清洗试样瓶及清除试样座内的灰尘，可以有效地提高测量准确度，清洗时不能划伤玻璃表面。

④ 机器内的光学元件不能直接用手触摸，以免影响通光率。维护时可用脱脂棉蘸上酒精和乙醚混合液进行擦除表面灰尘。

判断下列说法是否正确。

1. 浊度是指溶液中不溶性悬浮物质对光线透过时所发生的阻碍程度。（　　　）

2. 浊度大小与溶液中颗粒物的量有关。（　　　）

3. 浊度仪测量水的浊度常用"NTU"或"FTU"为单位。（　　　）

4. EBC 是浊度单位之一。（　　　）

 知识窗

铁在人体中有什么功能

铁是人体内需要的微量元素。一般人的体内含铁量为 4.2～6.1g，相当于一个小铁钉的质量，约占人体体重的 0.004%，但它的作用却十分大。人体内的铁有 70% 存在于血红蛋白和肌红蛋白内，25% 以铁蛋白的形式分布在肝、肾、骨髓中，一小部分铁是氧化酶的辅助因子。

血红蛋白中的铁是体内氧的输送者。它把肺吸收的氧气运到全身各个组织，以供细胞氧化之用。它又把细胞氧化所产生的二氧化碳运到肺部呼出去。铁还是细胞色素酶和其他几种辅酶的主要成分。如果人体内缺乏铁会引起贫血，肌肉细胞利用氧产生能量的功能下降，从而减少热能的来源。

成年男子每天需要从食物中摄取铁约 10mg，男少年 18mg，女少年 24mg。因此，必须注意摄取含铁的食物，含铁较多的食物有动物肝脏、肾、心脏、瘦肉、蛋黄、紫菜、海带、黑木耳、芹菜、油菜和番茄等。膳食中的蛋白质和维生素 C 能提高铁的吸收率。因此，既含铁又富含维生素 C 的红枣、橘子是治疗缺铁性贫血的良好食物。茶叶中含有能使铁沉淀的鞣质，不利于铁的吸收。饮用大量咖啡也会阻碍铁的吸收。缺铁性贫血患者应尽量少喝茶和咖啡。

虽然铁有重要功能，但也不能摄入过量。当血液中铁蛋白浓度达 $200mg \cdot L^{-1}$ 时，心脏病发病率会高出三倍。血液中铁蛋白浓度每上升 1%，心脏病发作的危险性就会提高 4%。这是因为过剩的铁促进自由基的形成，而自由基会损害动脉壁细胞，也会损伤心肌。为此，如果没有患缺铁性贫血症，就不要刻意补充铁，只要经常食用含铁的食物即可。

实训任务　使用浊度仪测定水的浊度

任务来源

　　水的浊度是水质检测的一个重要指标，通过测定水的浊度，确定水中悬浮颗粒物质的含量。

实训思路

开机预热 ➡ 溶液配制 ➡ 浊度测定 ➡ 水样测定

仪器准备

WZT-2C 型光电浊度仪；比色皿；微孔滤膜（0.2μm 以下）。

试剂准备

零浊度水；硫酸肼；六亚甲基四胺；洗涤液。

实训步骤

一、准备工作

Formazine 浊度标准的配制采用国际标准 ISO7027。

1. 零浊度水的制备

选用孔径为 0.1μm（或 0.2μm）的微孔滤膜，过滤蒸馏水（或电渗析水、离子交换水），反复过滤两次以上，所获的滤液即为零浊度水。

2. 标准溶液的配制（也可以直接购买）

（1）准确称取 1.000g 硫酸肼，溶入零浊度水。溶液转入 100mL 容量瓶中，稀释至标线，摇匀，过滤后备用（用 0.2μm 微孔滤膜过滤，下同）。

（2）准确称取 10.00g 六亚甲基四胺，溶于零浊度水，并转入 100mL 容量瓶中，稀释至标线，摇匀，过滤后备用。

（3）准确移取上述两种溶液各 5.00mL 至 100mL 容量瓶中，摇匀，放置在（25±1）℃的恒温箱中或恒温水浴中，静置 24h。加入零浊度水稀释至标线，摇匀后使用。该悬浮液的浊度值定为 400NTU。

二、开机预热

仔细阅读仪器使用说明书，开机，预热。

三、校准仪器

按照仪器使用说明书进入量程校正设置，进行仪器的调零和校正工作。

1. 零浊度水调零

将装好零浊度水的试样瓶置于测量座内，保证试样瓶的刻度线对准试样座的定位线，然后盖好遮光盖，待显示值稳定后，按调零键，使显示值为 "0.000" NTU。

2. 校正

取出零浊度水试样瓶，采用同样方法换上标准溶液，然后盖好遮光盖，待显示值稳定后，按校正键进行校正，使显示值与标准溶液值一致。

3. 试样测定

倒出零浊度水，放入样品溶液，置入光路，表头读数即为该样品的浊度值，记录所得数据至实训报告。

注意事项

（1）在测定其他溶液浊度时，比色皿内应盛入相应的零浊度溶液。在测量中"量程选择"如需换挡，除必须换用相应的比色皿和吸收架外，零浊度水调零步骤也必须重复。

（2）在测量中比色皿的两个光面必须无任何脏点，两个侧面和光面无水渍。

结果与讨论

（1）根据测定数值，报告水样浊度。

（2）你所使用的浊度是何种类型？如何操作？请根据仪器说明书写出浊度仪的操作规程。

模块二
原子吸收光谱法

　　原子吸收光谱法，又称原子吸收分光光度法，简称原子吸收法（AAS），是基于物质所产生的原子蒸气对特定谱线的吸收作用来进行定量分析的一种方法。此法是 20 世纪 50 年代中期出现并在以后逐渐发展起来的一种新型的仪器分析方法，它在地质、冶金、机械、化工、农业、食品、轻工、生物医药、环境保护、材料科学等各个领域有广泛的应用。该法主要适用于样品中微量及痕量组分的分析。

　　本模块共分为两个项目。

 思维导入

```
                    原子吸收光谱法

        原子吸收分光光度计              火焰原子吸收法
           的基本操作                  测定金属离子含量
```

项目一　原子吸收分光光度计的基本操作

🔔 技能目标

　　掌握火焰原子吸收分光光度计的操作方法；掌握 GGX-800 型原子吸收分光光度计分析软件的使用。

🔔 知识目标

　　理解原子吸收光谱法的基本原理；熟悉原子吸收分光光度计的结构和测定条件的选择。

🔔 实训任务

　　原子吸收分光光度计的认识和使用。

> 　　当样品溶液中存在干扰组分时，原子吸收光谱法是非常好的一种检测方法，什么是原子吸收分光光度法？

　　原子吸收现象早在 1802 年就被人们发现，但是原子吸收光谱法作为一种实用的分析方法是在 1955 年以后。这一年澳大利亚的 A·Walsh 等人先后发表著名论文，建议将原子吸收光谱法作为分析方法，奠定了原子吸收光谱法的基础。随着原子吸收光谱仪商品的出现，到了 20 世纪 60 年代中期，原子吸收光谱法得到迅速发展。

一、原子吸收光谱法的基本原理

1. 原子吸收光谱分析过程

　　原子吸收光谱分析过程（如图 2-1 所示）为：试液被喷射成细雾与燃气混合后进入燃烧的火焰中，被测元素在火焰中转化为原子蒸气。锐线光源发射出的特征光谱一部分被待测基态原子蒸气吸收，而未被吸收的部分透射出去，再经分光系统分光后，由检测器接收，产生的电信号经放大器放大，由显示系统显示吸光度或光谱图。

2. 原子吸收光谱的产生

任何元素的原子的核外电子按其能量的高低分层分布具有不同能级，因此一个原子可具有多种能级状态。在正常状态下，原子处于最低能态（这个能态最稳定）称为基态，处于基态的原子称基态原子。基态原子受到外界能量（如热能、光能等）激发时，其外层电子吸收了一定能量而跃迁到不同能态，因此原子具有不同的激发态，其中能量最低的激发态称为第一激发态。

共振吸收线：当原子的核外电子吸收一定能量从基态跃迁到第一激发态时所产生的吸收谱线（如图 2-2 所示）。

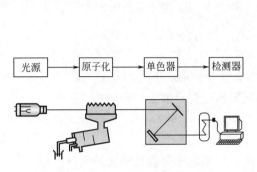

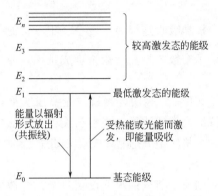

图 2-1　原子吸收分析流程示意　　　　　图 2-2　共振线的产生

共振发射线：当原子的核外电子从第一激发态跃回基态时，则发射出同样频率的光辐射，其对应的谱线称为共振发射线。

共振线：共振发射线和共振吸收线都简称为共振线。

由于第一激发态与基态之间跃迁所需的能量最低，也最容易发生，吸收也最强，常常作为分析线。不同元素的原子结构和外层电子排布各不相同，所以不同元素的共振线也就不同，各有特征，把每种元素的共振线又称为"特征谱线"。

从理论上讲，原子吸收光谱是线状光谱，如图 2-3 所示。实际上任何原子发射或吸收的谱线都不是绝对单色的几何线，而是具有一定宽度的谱线，只是它的宽度很窄而已。原子的吸收光谱线有一宽度的有以下原因：多普勒变宽、碰撞变宽、赫鲁兹马克变宽、洛伦兹变宽及其他变宽。

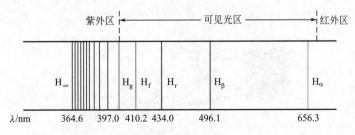

图 2-3　线状光谱

3. 原子吸收值与待测元素浓度的定量关系

设待测元素的锐线光通量为 Φ_0，当其垂直通过光程为 b 的均匀基态原子蒸气时，由于被试样中待测元素的基态原子蒸气吸收，光通量减小为 Φ_{tr}，透射光的强度仍服从朗伯-比耳定律（如图 2-4 所示）：

$$\frac{\Phi_0}{\Phi_{tr}} = e^{-k_0 b}$$

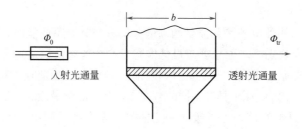

图 2-4　吸光度的测量

根据吸收定律 $A = \lg \dfrac{\Phi_0}{\Phi_{tr}}$，因此 $A = \lg e^{K_0 b}$，由于 K_0 的值与基态原子个数成正比，而基态原子个数与待测元素浓度成正比，令 $\lg e K_0 = Kc$，则有公式：

$$A = Kbc \tag{2-1}$$

式 (2-1) 表明，当锐线光源强度及其他实验条件一定时，基态原子蒸气的吸光度与试液中待测元素的浓度及光程长度（火焰法中，燃烧器的缝长）的乘积成正比。

火焰法中 b 通常不变，因此式 (2-1) 又可写为：

$$A = K'c \tag{2-2}$$

则原子蒸气的吸光度值只与试样浓度成正比，这是原子吸收光谱法的定量依据。

二、原子吸收分光光度计

（一）原子吸收分光光度计的类型

原子吸收光谱分析法所使用的仪器称为原子吸收光谱仪或原子吸收分光光度计。目前国内所见到的原子吸收光谱仪按照技术发展的水平，大致可分为三代（如图 2-5 和图 2-6 所示）。

图 2-5　火焰原子吸收分光光度计

图 2-6　石墨炉原子吸收分光光度计

第一代：单火焰原子吸收光谱仪，如日立的 Z500、沈阳分厂的 WYX-9004、华洋的 AA2610、博晖的 BH5100。

第二代：火焰原子吸收光谱仪＋外置石墨炉，如日立的 Z180-80、兴科天合公司的 TH-AAS-Ⅰ、博晖的 BH2100。

第三代：一体化的火焰＋内置石墨炉原子吸收光谱仪（此为当前的主流产品，国际上的所有的大公司和国内的少数公司掌握此技术。如日立公司的 Z5000、岛津公司的 AA6800、PE 公司的 AA800、兴科天合公司的 TH-AAS-Ⅱ、Ⅲ、热电公司的 solaar S 等）。

（二）火焰原子吸收分光光度计的结构和原理

火焰原子吸收分光光度计主要由光源、火焰原子化器、单色器、检测系统四个部分组成（如图 2-1 所示），火焰原子分光光度计结构详解如图 2-7 所示。

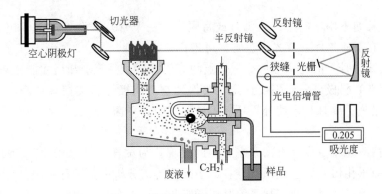

图 2-7　原子吸收分光光度计结构

1. 光源

光源的作用是发射待测元素基态原子吸收所需的特征谱线，供测量用。为了保证峰值吸收的测量，要求光源必须能发射出比吸收线宽度更窄，并且强度大而稳定、背景低、噪声小、使用寿命长的锐线光谱。原子吸收分光光度计广泛使用的光源常常是空心阴极灯，偶尔使用蒸气放电灯和无极放电灯。

（1）空心阴极灯　空心阴极灯又称元素灯，其构造如图 2-8 所示。它由一个在钨棒上镶钛丝或钽片的阳极和一个由发射所需特征谱线的金属或合金制成的空心筒状阴极组成。阴极和阳极封闭在带有光学窗口的硬质玻璃管内，管内充有几百帕低压惰性气体（氖或氩），在电场作用下产生阳离子撞击阴极，使阴极材料发光并辐射出特征频率的锐线光谱。为了保证光源仅发射频率范围很窄的锐线，要求阴极材料具有很高的纯度。

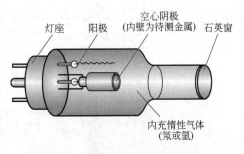

图 2-8　空心阴极灯结构示意

不同元素作阴极材料可制成不同的空心阴极灯，并以此金属元素来命名称为某金属灯。通常单元素的空心阴极灯只能用于一种元素的测定，这类灯发射线干扰少、强度高，但每测一种元素需要更换一种灯。若阴极材料使用多种元素的合金，可制得多元素灯。多元素灯工作时可同时发出多种元素的共振线，连续测定几种元素，减少了换灯的麻烦，但发射强度低于单元素灯，而且如果金属组合不当，易产生光谱干扰。因此，使用尚不普遍。

（2）空心阴极灯工作电流　空心阴极灯发光强度与工作电流有关，增大电流可以增加发光强度，但工作电流过大会使辐射的谱线变宽，灯内自吸收增加，使锐线光强度下降，背景增大。同时还会加快灯内惰性气体的消耗，缩短灯寿命。灯电流过小，又使发光强度减弱，导致稳定性、信噪比下降。因此，实际工作中，应选择合适的工作电流。

（3）空心阴极灯的使用注意事项

① 空心阴极灯使用前应经过一段预热时间，使灯的发光强度达到稳定。预热时间随灯元素的不同而不同，一般在 20~30min 以上。

② 灯在点燃后可从灯的阴极辉光的颜色判断灯的工作是否正常，判断的一般方法如下：充氖气的灯负辉光的正常颜色是橙红色；充氩气的灯正常是淡紫色；汞灯是蓝色。灯内有杂质气体存在时，负辉光的颜色变淡，如充氖气的灯颜色可变为粉红，发蓝或发白，此时应对灯进行处理。

③ 元素灯长期不用，应定期（每月或每隔二、三个月）点燃处理，即在工作电流下点燃 1h。若灯内有杂质气体，辉光不正常，可进行反接处理。

④ 使用元素灯时，应轻拿轻放。低熔点的灯用完后，要等冷却后才能移动。

⑤ 为了使空心阴极灯发射强度稳定，要保持空心阴极灯石英窗口洁净，点亮后要盖好灯室盖，测量过程不要打开，使外界环境不破坏灯的热平衡。

2. 原子化系统

将试样中待测元素变成气态的基态原子的过程称为试样的"原子化"。完成试样的原子化的装置称为原子化器或原子化系统。在原子吸收光谱分析中，试样中被测元素的原子化是整个分析过程的关键环节。原子化系统是原子吸收分光光度计的重要部分，其性能直接影响测定的灵敏度，同时很大程度上还影响测量的准确度和重现性。实现原子化的方法常用三种：火焰原子化法、非火焰原子化法和低温原子化法。

（1）**火焰原子化法**　火焰原子化是最常用的原子化方法，包括两个步骤：首先将试样溶液变成细小雾滴（即雾化阶段），然后使雾滴接受火焰供给的能量形成基态原子（即原子化阶段）。火焰原子化器由雾化器、预混合室和燃烧器三部分组成，其结构如图 2-9 所示。

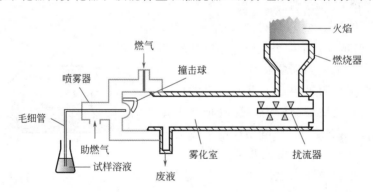

图 2-9　预混合型原子吸收分光光度计结构图

① **雾化器**　雾化器的作用是将试液雾化成微小的雾滴，要求其喷雾稳定、雾滴细微均匀且雾化效率高，如图 2-10 所示。

② **预混合室**　预混合室的作用是进一步细化雾滴，并使之与燃料气均匀混合后进入火焰。部分未细化的雾滴在预混合室凝结下来成为残液。残液由预混合室排出口排除，以减少前试样被测组分对后试样被测组分记忆效应的影响。为了避免回火爆炸的危险，预混合室的残液排出管必须采用导管弯曲或将导管插入水中等水封方式。

③ **燃烧器**　燃烧器的作用是使燃气在助燃气的作用下形成火焰，使进入火焰的试样微粒原子化。燃烧器应能使火焰燃烧稳定，原子化程度高，并能耐高温耐腐蚀。预混合型原子化器通常采用不锈钢制成长缝型燃烧器（如图 2-11 所示），对于乙炔-空气等燃烧速度较低的火焰一般使用缝长 100~120mm，缝宽 0.5~0.1mm 的燃烧器，而对于乙炔-氧化亚氮等

燃烧速度较高的火焰，一般用缝长 50mm，缝宽 0.5mm 长缝燃烧器。也有多缝燃烧器，它可增加火焰宽度。

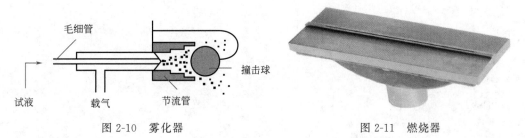

图 2-10　雾化器　　　　　　　　　　　图 2-11　燃烧器

④ 火焰种类及气源设备　火焰原子化器主要采用化学火焰，常用的火焰有以下几种，如表 2-1 所示。

表 2-1　火焰种类及特点

火焰种类	最高温度/K	用途
空气-煤气（丙烷）火焰	2200	适用于分析易挥发、易解离的元素，如碱金属、Cd、Cu、Pb、Ag、Zn、Au、Hg 等
空气-乙炔火焰	2600	用途最广的火焰，可用于测定 35 种以上的元素，但对于 Al、Ta、Ti、Zr 等不宜使用
N_2O-乙炔火焰	3300	是强还原性火焰，能用于测定 Al、B、Be、Ta、Ti、Zr、W、Si 等 70 种元素，其安全性需注意
空气-氢火焰	2300	适用于测定易电离的金属元素，尤其是测定 As、Se 和 Sn 等元素，特别适用于共振线位于远紫外区的元素

由火焰的种类得知，火焰原子吸收分析常用的燃气、助燃气主要是乙炔、空气、氧化亚氮（N_2O）、氢气、煤气等。乙炔气体通常由乙炔钢瓶提供，乙炔钢瓶内最大气压为 1.5MPa。乙炔溶于吸附在活性炭上的丙酮内，乙炔钢瓶使用至 0.5MPa 就应重新充气，否则钢瓶中的丙酮会混入火焰，使火焰不稳定，噪声大，影响测定。乙炔管道系统不能使用纯铜制品，以免产生乙炔铜爆炸。乙炔钢瓶附近不可有明火，使用时应先开助燃气再开燃气并立即点火，关气时应先关燃气再关助燃气。

N_2O 又称笑气，对呼吸有麻醉作用，且易爆。氧化亚氮气体通常由氧化亚氮钢瓶提供，钢瓶内装有液态气体，减压后使用。使用 N_2O-C_2H_2 火焰应小心，注意防止回火，禁止直接点燃 N_2O-C_2H_2 火焰，严格按操作规程使用。空气一般由压强为 1MPa·cm^{-2} 左右的空气压缩机提供。各类高压钢瓶瓶身都有规定的颜色标志，我国部分高压气体钢瓶的漆色及标志如表 2-2 所示。

⑤ 火焰原子化过程　将试液引入火焰使其原子化是一个复杂的过程，这个过程包括雾滴脱溶剂、蒸发、解离等阶段，图 2-12 是火焰原子化过程的图解。

在实际工作中，应当选择合适的火焰类型，恰当调节燃气与助燃气比，尽可能不使基态原子被激发、电离或生成化合物。

⑥ 火焰原子化法特点　火焰原子化法的操作简便，重现性好，有效光程大，对大多数元素有较高灵敏度，因此应用广泛。但火焰原子化法原子化效率低，灵敏度不够高，而且一般不能直接分析固体样品。火焰原子化法这些不足之处，促使了非火焰原子化法的发展。

（2）非火焰原子化法（石墨炉原子化）　非火焰原子化法中，常用的是管式石墨炉原子化器（如图 2-13 所示），原子化过程为：试样通常以液体形式导入石墨管中，在惰性气氛中分几个升温程序进行加热，以使其原子化。

表 2-2　部分高压气体钢瓶漆色及标志

气瓶名称	外表面颜色	字样	字样颜色	横条颜色
氧气瓶	天蓝	氧	黑	—
医用氧气瓶	天蓝	医用氧	黑	—
氢气瓶	深绿	氢	红	红
氮气瓶	黑	氮	黄	棕
灯泡氩气瓶	黑	灯泡氩气	天蓝	天蓝
纯氩气瓶	灰	纯氩	绿	—
氦气瓶	棕	氦	白	—
压缩空气瓶	黑	压缩空气	白	—
石油气体瓶	灰	石油气体	红	—
氖气瓶	褐红	氖	白	—
硫化氢气瓶	白	硫化氢	红	红
氯气瓶	草绿	氯	白	白
光气瓶	草绿	光气	红	红
氨气瓶	黄	氨	黑	—
丁烯气瓶	红	丁烯	黄	黑
二氧化硫气瓶	黑	二氧化硫	白	黄
二氧化碳气瓶	黑	二氧化碳	黄	—
氧化氮气瓶	灰	氧化氮	黑	—
氟氯烷气瓶	铝白	氟氯烷	黑	—
环丙烷气瓶	橙黄	环丙烷	黑	—
乙烯气瓶	紫	乙烯	红	—
其他可燃性气体气瓶	红	（气体名称）	白	—
其他非可燃性气体气瓶	黑	（气体名称）	黄	—

注：摘自原劳动部"气瓶安全监察规程"。

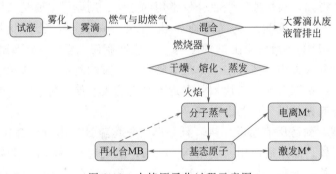

图 2-12　火焰原子化过程示意图

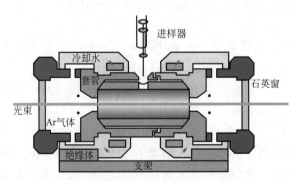

图 2-13　石墨炉原子化器

升温程序包括以下四个过程，由微机控制实行程序升温。

① 干燥：在低温（稍高于溶剂的沸点）下蒸发掉样品中的溶剂。

② 灰化：在较高温度下除去低沸点无机物及有机物基体，减少分子吸收干扰。

③ 高温原子化：使以各种形式存在的分析物挥发并离解为基态原子。操作时停止载气，以延长基态原子在石墨管中的停留时间，提高分析的灵敏度。

④ 净化：升至更高的温度，除去石墨管中的残留分析物，以减少和避免记忆效应。

石墨炉原子化法的优点是：原子化程度高，用样量小（$1\sim100\mu L$），可测固体及黏稠试样，灵敏度高，检测限为 $10^{-12}g\cdot L^{-1}$。缺点是：精密度差，测定速度慢，装置不够简单便宜，操作复杂。

（3）低温原子化法　低温原子化法主要是汞蒸气原子化法和氢化物原子化法。汞蒸气原子化法是利用选择性的化学还原反应，只将样品消化液中的汞还原。本方法对汞的分析极灵敏，但会受样品中挥发性有机物、氯和硫化物的干扰。

氢化物原子化法是利用选择性的化学还原反应，将样品消化液中的砷或硒还原成氢化物而预分离，因此本方法的优点是能将此两种元素从复杂的样品中分离出来，而无其他分析方法可能遭遇的干扰问题。

3. 单色器

单色器的作用是将待测元素的吸收线与邻近谱线分开，由入射狭缝、出射狭缝和色散元件（棱镜或光栅）组成。

单色器性能参数如下。

（1）线色散率（D）　两条谱线间的距离与波长差的比值 $\Delta X/\Delta\lambda$，实际工作中常用其倒数 $\Delta\lambda/\Delta X$ 表示。

（2）分辨率　仪器分开相邻两条谱线的能力。用该两条谱线的平均波长与其波长差的比值 $\lambda/\Delta\lambda$ 表示。

（3）通带宽度（W）　指通过单色器出射狭缝的某标称波长处的辐射范围。当倒线色散率（D）一定时，可通过选择狭缝宽度（S）来确定。

$$光谱通带=缝宽(nm)\times倒线色散率(nm\cdot mm^{-1})$$

在实际工作中，通常根据谱线结构和待测共振线邻近是否有干扰来决定狭缝宽度，由于不同类型仪器单色器的倒线色散率不同，所以不用具体的狭缝宽度，而用"单色器通带"表示缝宽。

4. 检测系统

检测系统由光电元件、放大器和显示装置等组成。

（1）光电元件　光电元件一般采用光电倍增管，其作用是将经过原子蒸气吸收和单色器分光后的微弱信号转换为电信号。

（2）放大器　放大器的作用是将光电倍增管输出的电压信号放大后送入显示器。

（3）显示装置　放大器放大后的信号经对数转换器转换成吸光度信号，再通过数字显示器显示。

现代国内外商品化的原子吸收分光光度计几乎都配备了微处理机系统，具有自动调零、曲线校直、浓度直读、标尺扩展、自动增益等性能，并附有记录器、打印机、自动进样器、阴极射线管荧光屏及计算机等装置，大大提高了仪器的自动化和半自动化程度。

三、火焰原子吸收光谱测定条件的选择

在进行原子吸收光谱分析时，为了获得灵敏、重现性好和准确的结果，应对测定条件进

行优选。

1. 吸收线的选择

每种元素的基态原子都有若干条吸收线，为了提高测定的灵敏度，一般情况下应选用其中最灵敏线作分析线。但如果测定元素的浓度很高，或为了消除邻近光谱线的干扰等，也可以选用次灵敏线。例如，试液中铷的测定，其最灵敏的吸收线是 180.0nm，但为了避免钠、钾的干扰，可选用 194.0nm 次灵敏线作吸收线。表 2-3 列出了常用的各元素分析线，可供使用时参考。

表 2-3   原子吸收分光光度法中常用的元素分析线   nm

元素	分析线	元素	分析线	元素	分析线
Ag	328.1, 338.3	Ge	265.2, 215.5	Re	346.1, 346.5
Al	309.3, 308.2	Hf	301.3, 288.6	Sb	211.6, 206.8
As	193.6, 191.2	Hg	253.1	Sc	391.2, 402.0
Au	242.3, 261.6	In	303.9, 325.6	Se	196.1, 204.0
B	249.1, 249.8	K	166.5, 169.9	Si	251.6, 250.1
Ba	553.6, 455.4	La	550.1, 413.1	Sn	224.6, 286.3
Be	234.9	Li	610.8, 323.3	Sr	460.1, 401.8
Bi	223.1, 222.8	Mg	285.2, 219.6	Ta	211.5, 211.6
Ca	422.1, 239.9	Mn	219.5, 403.1	Te	214.3, 225.9
Cd	228.8, 326.1	Mo	313.3, 311.0	Ti	364.3, 331.2
Ce	520.0, 369.1	Na	589.0, 330.3	U	351.5, 358.5
Co	240.1, 242.5	Nb	334.4, 358.0	V	318.4, 385.6
Cr	351.9, 359.4	Ni	232.0, 341.5	W	255.1, 294.1
Cu	324.8, 321.4	Os	290.9, 305.9	Y	410.2, 412.8
Fe	248.3, 352.3	Pb	216.1, 283.3	Zn	213.9, 301.6
Ga	281.4, 294.4	Pt	266.0, 306.5	Zr	360.1, 301.2

2. 光谱通带宽度的选择

选择光谱通带，实际上就是选择狭缝的宽度。单色器的狭缝宽度主要是根据待测元素的谱线结构和所选的吸收线附近是否有非吸收干扰来选择的。当吸收线附近无干扰线存在时，放宽狭缝，可以增加光谱通带。若吸收线附近有干扰线存在，在保证有一定强度的情况下，应适当调窄一些，光谱通带一般在 0.5～4nm 之间选择。合适的狭缝宽度可以通过实验的方法确定，具体方法是：逐渐改变单色器的狭缝宽度，检测器输出信号最强，即吸光度最大为止，也可以根据文献资料进行确定。

3. 空心阴极灯工作电流的选择

灯电流选择原则是：在保证放电稳定和有适当光强输出的情况下，尽量选用低的工作电流。空心阴极灯上都标明了最大工作电流，对大多数元素，日常分析的工作电流建议采用额定电流的 40%～60%，因为这样的工作电流范围可以保证输出稳定且强度合适的锐线光。对高熔点的镍、钴、钛等空心阴极灯，工作电流可以调大些；对低熔点易溅射的铋、钾、钠、铯等空心阴极灯，使用时工作电流小些为宜。具体要采用多大的电流，一般要通过实验方法绘出吸光度-灯电流关系曲线，然后选择有最大吸光度读数时的最小灯电流。

4. 火焰原子化条件的选择

（1）火焰的选择   火焰的温度是影响原子化效率的基本因素。首先有足够的温度才能使试样充分分解为原子蒸气状态。但温度过高会增加原子的电离或激发，而使基态原子数减少，这对原子吸收是不利的。因此在确保待测元素能充分解离为基态原子的前提下，低温火焰比高温火焰具有较高的灵敏度。但对于某些元素，如果温度太低，则试样不能解离，反而灵敏度降低，并且还会发生分子吸收，干扰可能更大。因此必须根据试样的具体情况，合理选择火焰温度。火焰温度由火焰种类确定，因此应根据测定需要选择合适种类的火焰。当火焰种类选定后，要选用合适的燃气和助燃气比例。

化学计量火焰：是指燃气和助燃气之比等于燃烧反应的化学计量关系的火焰，又称中性火焰。这类火焰燃烧完全，温度高、稳定、干扰少、背景低，适合于许多元素的测定。

贫燃火焰：燃助比（燃气与助燃气流量比）为 1∶（4～6）的火焰，为清晰不发亮蓝焰，燃烧高度较低，温度高，还原性气氛差，仅适于不易生成氧化物的元素的测定，如 Ag、Cu、Fe、Co、Ni、Mg、Pb、Zn、Cd、Mn 等元素。

富燃火焰：燃助比为 （1.2～1.5）∶4 的火焰发亮，燃烧高度较高，温度较低，噪声较大，且由于燃烧不完全呈强还原性气氛，因此适于易生成氧化物的元素的测定，如 Ca、Sr、Ba、Cr、Mo 等元素。

多数元素测定使用空气-乙炔火焰的流量比在 （3∶1）～（4∶1） 之间。最佳的流量比应通过绘制吸光度-燃气、助燃气流量曲线来确定。

（2）燃烧器高度的选择　不同元素在火焰中形成的基态原子的最佳浓度区域高度不同，因而灵敏度也不同。因此，应选择合适的燃烧器高度，使光束从原子浓度最大的区域通过。一般在燃烧器狭缝口上方 2～5mm 附近火焰具有最大的基态原子密度，灵敏度最高。但对于不同测定元素和不同性质的火焰有所不同。最佳的燃烧器高度应通过试验选择，其方法是：先固定燃气和助燃气流量，取一固定样品，逐步改变燃烧器高度，调节零点，测定吸光度，绘制吸光度-燃烧器高度曲线，选择最佳位置。

（3）进样量的选择　试样的进样量一般在 3～6mL·min⁻¹ 较为适宜。进样量过大，对火焰产生冷却效应。同时，较大雾滴进入火焰，难以完全蒸发，原子化效率下降，灵敏度低。进样量过小，由于进入火焰的溶液太少，吸收信号弱，灵敏度低，不便测量。

 习题

1. 在原子吸收分光光度计中，广泛采用的光源是（　　）。
A. 空心阴极灯　　　　B. 氢灯　　　　　　　C. 钨灯　　　　　　　　D. 氖灯
2. 原子化器的主要作用是（　　）。
A. 将试样中的待测元素转化为气态的基态原子
B. 将试样中的待测元素转化为激发态原子
C. 将试样中的待测元素转化为中性分子
D. 将试样中的待测元素转化为离子
3. 原子吸收分光光度计的结构中一般不包括（　　）。
A. 空心阴极灯　　　　B. 原子化系统　　　　C. 分光系统　　　　　D. 进样系统
4. 关闭原子吸收光谱仪的先后顺序是（　　）。
A. 关闭排风装置、关闭乙炔钢瓶总阀、关闭助燃气开关、关闭气路电源总开关、关闭空气压缩机并释放剩余气体
B. 关闭空气压缩机并释放剩余气体、关闭乙炔钢瓶总阀、关闭助燃气开关、关闭气路

电源总开关、关闭排风装置

C. 关闭乙炔钢瓶总阀、关闭助燃气开关、关闭气路电源总开关、关闭空气压缩机并释放剩余气体、关闭排风装置

D. 关闭乙炔钢瓶总阀、关闭助燃气开关、关闭气路电源总开关、关闭排风装置、关闭空气压缩机并释放剩余气体

5. 下列关于空心阴极灯使用描述不正确的是（　　）。

A. 空心阴极灯发光强度与工作电流有关　　B. 增大工作电流可增加发光强度

C. 工作电流越大越好　　　　　　　　　　D. 工作电流过小，会导致稳定性下降

6. 下列关于空心阴极灯使用注意事项描述不正确的是（　　）。

A. 使用前一般要有预热时间　　　　　　　B. 长期不用，应定期点燃处理

C. 低熔点的灯用完后，等冷却后才能移动　D. 测量过程中可以打开灯室盖调整

7. 原子吸收分光光度法中的吸光物质的状态应为（　　）。

A. 激发态原子蒸气　B. 基态原子蒸气　　C. 溶液中分子　　　D. 溶液中离子

8. 原子吸收光谱是（　　）。

A. 带状光谱　　　　B. 线性光谱　　　　　C. 宽带光谱　　　　D. 分子光谱

9. 原子吸收光谱分析仪中单色器位于（　　）。

A. 空心阴极灯之后　B. 原子化器之后　　　C. 原子化器之前　　D. 空心阴极灯之前

10. 对大多数元素，日常分析的工作电流建议采用额定电流的（　　）。

A. 30%～40%　　　B. 40%～50%　　　　C. 40%～60%　　　D. 50%～60%

11. 原子吸收分光光度计主要由哪几部分组成？各部分的功能是什么？

12. 可见分光光度计的分光系统放在比色皿的前面，而原子吸收分光光度计的分光系统放在原子化系统吸收系统的后面，为什么？

 知识窗

钢研纳克率先攻克 "镉" 大米快速检测技术

据报道，我国稻谷中存在重金属"镉"污染的情况，消息经由媒体报道后，引起民众的恐慌。然而对于镉大米的传统检测方法较为复杂、周期长，且受到空间、环境及人员技术水平的制约，实验过程中溶解样品的化学试剂容易造成环境污染。为保证人民健康及稻谷的快速收储，快速、便携、环保的食品重金属镉检测方法及仪器的开发显得迫在眉睫。

钢研纳克检测技术有限公司依托多年积累的金属元素检测技术底蕴，联合湖南大学、湖南省食品安全生产工程技术中心、湖南省科学研究设计院，共同开展稻谷中重金属快速检测方法研究及设备研制。研发团队经过两年的科技攻关，进行了数十次仪器配置优化及数千次对比实验，成功实现了利用X射线荧光光谱法对大米重金属镉的测定，在国内率先推出商品化仪器。该仪器最大的特点是无需前处理，分析结果代表性好、环境友好、零耗材。3分钟内可实现大米等食品中镉含量是否超标的快速筛查，25分钟内可完成镉含量的精确测定，对环境无任何特殊要求。该分析仪器及分析方法已申报发明专利，专利申请号：201410083219.2。

该仪器将成熟的X射线荧光分析技术与食品重金属检测进行了完美结合，是粮食收储现场筛查和实验室准确分析的最佳选择。同时，该仪器还可应用于小麦、玉米、茶叶、蔬菜等样品中重金属的快速检测。

实训任务　原子吸收分光光度计的认识和使用

原子吸收分光光度计的基本构造是怎样的?
它的工作软件如何操作?

任务来源

实训思路

> 仪器开机 ➡ 打开工作站 ➡ 选择光源 ➡ 配制溶液 ➡ 样品测定

仪器准备

原子吸收光谱仪 GGX-800;空气压缩机;乙炔钢瓶;镁空心阴极灯。

试剂准备

（1）$1mg \cdot mL^{-1}$ 镁标准储备液。

（2）$10\mu g \cdot mL^{-1}$ 镁标准工作液。

（3）适当稀释的溶液。

实训步骤

一、原子吸收分光光度计的开机

1.仪器检查:按仪器说明书检查仪器各部件,各气路接口是否安装正确,气密性是否良好。

2.开机:打开仪器电源开关,双击电脑桌面上的"GGX-800"图标,进入软件工作界面,进入仪器"自动初始化窗口"。

3.参数设置:待仪器初始化结束后,设置实验条件及相关参数:空心阴极灯的选择、"定峰"、"扫描"过程。基本实验条件设置好后设定其他"测量参数",待仪器稳定。

4.仪器点火:检查乙炔钢瓶使之处于关闭状态,打开空气压缩机工作开关和风机开关,调节压力表为 0.25MPa 左右,打开乙炔钢瓶调节输出压力至 0.05MPa 左右（具体见仪器操作手册上的压力）,点击控制软件界面上的"点火"。

二、样品的测定

在设定的工作条件下,吸入镁试样,测定其吸光度,并保存所得的数据。

三、原子吸收分光光度计的关机

关闭乙炔钢瓶（仪器自动熄火）及空压机,退出工作软件。关闭原子吸收分光光度计的电源及计算机。

注意事项

（1）不同仪器的操作规程有所不同,一定要参照仪器本身的操作手册来进行使用。

（2）点火时先开空气，后开乙炔。关机时先关乙炔，后关空气。

（3）点火时为了安全起见，操作者应远离燃烧器，以防万一发生爆炸受伤。事实证明，重大事故往往是忘记通风而贸然点火造成的。因此仪器启动前一定要通风。

（4）火焰熄灭后，燃烧器仍有高温，20min 内不可触摸。

结果与讨论

（1）记录镁试样的吸光度，并根据相关数据设计下次实验的溶液配制方法。

（2）原子吸收分光光度计光源起什么作用？对光源有哪些要求？

（3）何谓试样的原子化？试样原子化的方法有哪几种？

项目二 火焰原子吸收法测定金属离子含量

技能目标

熟练掌握火焰原子吸收分光光度计的使用方法；掌握原子吸收光谱法标准曲线法和标准加入法定量分析方法。

知识目标

掌握原子吸收分光光度法的特点；理解原子吸收检测中的干扰和消除技术；了解原子吸收法的灵敏度和检出限。

实训任务

火焰原子吸收法测水中微量镁；火焰原子吸收法测水中微量铜。

美国环境保护局出版的水和废水化学分析方法规定了水中 34 种金属主要用原子吸收法进行测定，较高浓度用火焰法测定。

一、原子吸收光谱法的特点

1. 原子吸收光谱法与紫外-可见分光光度法的比较

原子吸收光谱法与紫外-可见分光光度法都是基于物质对紫外和可见光的吸收而建立起来的分析方法，属于吸收光谱分析。不同的是：原子吸收光谱分析中，吸收物质是基态原子蒸气，而紫外-可见分光光度分析中的吸光物质是溶液中的分子或离子；原子吸收光谱是线状光谱，而紫外-可见分光光度法是带状光谱；分光光度法吸收池是比色皿，置于单色器之后，原子吸收法吸收池则为原子化器，置于单色器之前。

2. 原子吸收光谱法的优缺点

原子吸收光谱法具有许多优点。

① 灵敏度高、检出限低：火焰原子吸收光谱法的检出限可达 $\mu g \cdot mL^{-1}$ 级。

② 准确度好：火焰原子吸收光谱法的相对误差小于 1%，其准确度接近经典化学方法。

③ 选择性好：用原子吸收光谱法测定元素含量时，通常共存元素对待测元素的干扰少，若实验条件合适，一般可以在不分离共存元素的情况下直接测定。

④ 操作简便，分析速度快：在准备工作做好后，一般几分钟即可完成一种元素的测定。

⑤ 应用广泛：原子吸收光谱法被广泛应用于各领域中，它可以直接测定 70 多种金属元素，也可以用间接方法测定一些非金属和有机化合物。

同时，原子吸收光谱法具有如下不足之处。

① 由于分析不同元素，必须使用不同元素灯，因此多元素同时测定尚有困难。

② 有些元素的灵敏度还比较低（如钍、铪、银、钽等）。

③ 对于复杂样品仍需要进行复杂的化学预处理，否则干扰将比较严重。

二、定量分析方法

1. 标准曲线法

标准曲线法也称工作曲线法，它与紫外-可见分光光度法的工作曲线法相似，关键都是绘制一条工作曲线。其方法是：先配制一组浓度合适的标准溶液，在最佳测定条件下，由低浓度到高浓度依次测定它们的吸光度，然后以吸光度 A 为纵坐标，标准溶液浓度为横坐标，绘制吸光度-浓度（A-c）的工作曲线（如图 2-14）。

用与绘制工作曲线相同的条件测定样品的吸光度，利用工作曲线以内插法求出待测元素的浓度（见图 2-15）。

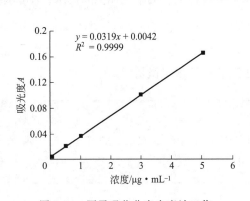

图 2-14　原子吸收分光光度计工作
软件生成的工作曲线

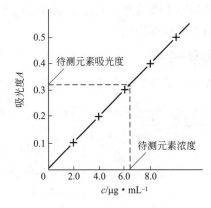

图 2-15　内插法手动计算待测
元素浓度

为了保证测定的准确度，测定时应注意以下几点。

① 标准溶液与试液的基体（指溶液中除待测组分外的其他成分的总体）要相似，以消除基体效应。标准溶液浓度范围应将试液中待测元素的浓度包括在内。浓度范围大小应以获得合适的吸光度读数为准。

② 在测量过程中要吸喷去离子水或空白溶液来校正零点漂移。

③ 由于燃气和助燃气流量变化会引起工作曲线斜率变化，因此每次分析都应重新绘制工作曲线。

【例 2-1】测定某样品中铜含量，称取样品 0.9986g，经化学处理后，移入 250mL 容量瓶中，以蒸馏水稀释至标线，摇匀。喷入火焰，测出其吸光度为 0.320，求该样品中铜的质量分数，（设图 2-15 为铜工作曲线）。

解 由工作曲线查出当 $A=0.320$ 时，$\rho=6.2\mu g \cdot mL^{-1}$，即所测样品溶液中铜的质量浓度，则样品中铜的质量分数为：

$$w(Cu)=\frac{6.2 \times 250 \times 10^{-6}}{0.9986} \times 100\% = 0.16\%$$

2. 标准加入法

标准加入法又称为增量法或直线外推法，是一种常用来消除基本干扰的测定方法。当试样中共存物不明或基体复杂而又无法配制与试样组成相匹配的标准溶液时，常常使用标准加入法进行分析，适合于数目不多的试样分析。

标准加入法的具体操作方法是：吸取等量试液四份以上，依次加入浓度为 0、c_0、$2c_0$、$3c_0$、$4c_0$ 的标准溶液，用溶剂稀释至同一体积，以空白为参比，在相同测量条件下，分别测量各份试液的吸光度，以加入被测溶液的浓度为横坐标，对应的吸光度为纵坐标绘制吸光度-浓度关系曲线，并将它外推至浓度轴，则在浓度轴上的截距，即为未知浓度 c_x，如图 2-16 所示。

使用标准加入法时应注意下面几个问题。

① 不含被测液的纯基体制作标准加入法曲线应是一条通过坐标原点的直线，试样标准加入法的曲线也要具有直线关系且与纯基体标准加入法曲线平行，如图 2-17 所示。

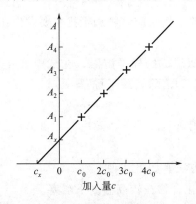
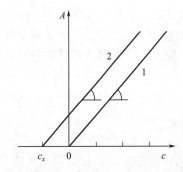

图 2-16　标准加入法曲线　　　图 2-17　纯基体与非纯基体标准加入法曲线

② 使用标准加入法时，被测元素的浓度应在通过原点的校准曲线的线性范围内。

③ 第二份中加入的标准溶液的浓度与试样的浓度应当接近（可通过试喷样品和标准溶液比较两者的吸光度来判断），以免曲线的斜率过大或过小，给测定结果引入较大的误差。

④ 为了保证能得到较为准确的外推结果，至少要采用四个点来制作外推曲线。

【例 2-2】 测定某合金中微量镁，称取 0.2627g 试样，经化学处理后移入 50mL 容量瓶中，以蒸馏水稀释至刻度后摇匀。取上述试液 10mL 于 25mL 容量瓶中（共取四份），分别加入镁 $0\mu g$、$2.0\mu g$、$4.0\mu g$、$6.0\mu g$，以蒸馏水稀至标线，摇匀。测出上述各溶液的吸光度依次为 0.100、0.300、0.500、0.700、0.900。求试样中镁的质量分数。

解 根据所测数据绘出如图 2-18 所示的工作曲线，曲线与横坐标交点到原点距离为 1.0，即未加标准溶液镁的 25mL 容量瓶内，含有 1.0μg 镁，这 1.0μg 镁只来源于所加入的 10mL 试样溶液，所以可由下式算出试样中镁的质量分数。

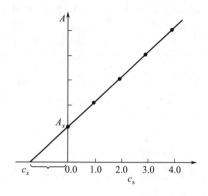

图 2-18　标准加入法测镁曲线

$$w(\mathrm{Mg}) = \frac{1.0 \times 10^{-6}}{0.2687 \times \dfrac{10}{50}} \times 100\% = 0.0019\%$$

三、原子吸收检测中的干扰及消除

原子吸收分析法相对于化学分析法来说，是一种干扰较少的检测技术。原子吸收检测中的干扰可分为四种类型，它们分别是物理干扰、化学干扰、电离干扰和光谱干扰。

1. 物理干扰

指试样在转移、蒸发过程中物理因素变化引起的干扰效应，物理干扰主要发生在试液抽吸过程、雾化过程和蒸发过程中。

消除物理干扰的主要方法是配制与被测试样相似组成的标准溶液，在试样组成未知时，可以采用标准加入法或选用适当溶剂稀释试液来减少和消除物理干扰。

2. 化学干扰

化学干扰是待测元素与其他组分之间的化学作用所引起的干扰效应，主要影响到待测元素的原子化效率，是主要干扰源。

化学干扰是一种选择性干扰，消除化学干扰的方法有如下几种。

① 使用高温火焰，使在较低温度火焰中稳定的化合物在较高温度下解离。

② 加入释放剂，使其与干扰元素形成更稳定、更难解离的化合物，而将待测元素从原来难解离化合物中释放出来，使之有利于原子化，从而消除干扰。

③ 加入保护剂使其与待测元素或干扰元素反应生成稳定的配合物，因而保护了待测元素，避免了干扰。

④ 化学分离干扰物质。

3. 电离干扰

在高温下，原子电离成离子，而使基态原子数目减少，导致测定结果偏低，此种干扰称电离干扰。电离干扰主要发生在电离势较低的碱金属和部分碱土金属中。

消除方法：在试液中加入过量比待测元素电离电位低的其他元素（通常为碱金属元素）。

4. 光谱干扰

待测元素的共振线与干扰物质谱线分离不完全，这类干扰主要来自光源和原子化装置，主要有以下几种。

① 在分析线附近有单色器不能分离的待测元素的邻近线。消除方法：可以通过调小狭

缝的方法来抑制这种干扰。

② 空心阴极灯内有单色器不能分离的干扰元素的辐射。消除方法：换用纯度较高的单元素灯减小干扰。

③ 灯的辐射中有连续背景辐射。消除方法：用较小通带或更换灯。

四、灵敏度与检出限

原子吸收光谱分析中，常用灵敏度和检出限对定量分析方法及测定结果进行评价。

1. 灵敏度

根据 1975 年 IUPAC 规定，将原子吸收分析法的灵敏度定义为 A-c 工作曲线的斜率（用 s 表示），即当待测元素的浓度或质量改变一个单位时，吸光度的变化量。

在火焰原子吸收分析中，通常习惯于用能产生 1‰吸收（即吸光度值为 0.0044）时所对应的待测溶液浓度（$\mu g \cdot mL^{-1}$）来表示分析的灵敏度，称为特征浓度（c_c）或特征（相对）灵敏度。特征浓度的测定方法是配制一待测元素的标准溶液（其浓度应在线性范围），调节仪器最佳条件，测定标准溶液的吸光度。然后按下式计算：

$$c_c = \frac{c \times 0.0044}{A}$$

式中，c_c 为特征浓度，$\mu g \cdot mL^{-1} \cdot 1\text{‰}^{-1}$；$c$ 为被测溶液的浓度，$\mu g \cdot mL^{-1}$；A 为测得的溶液吸光度。

2. 检出限

由于灵敏度没有考虑仪器噪声的影响，故不能作为衡量仪器最小检出量的指标。检出限可用于表示能被仪器检出的元素的最小浓度或最小质量。根据 IUPAC 规定，将检出限定义为，能够给出 3 倍于空白标准偏差的吸光度时，所对应的待测元素的浓度或质量。可用下式进行计算：

$$D_c = \frac{c \times 3\sigma}{A}$$

$$D_m = \frac{cV \times 3\sigma}{A}$$

以上两式中，D_c 为相对检出限，$\mu g \cdot mL^{-1}$；D_m 为绝对检出限，g；c 为待测溶液浓度，$\mu g \cdot mL^{-1}$；V 为溶液体积，mL；σ 为空白溶液测量标准偏差，是对空白溶液或接近空白的待测组分标准溶液的吸光度进行不少于十次的连续测定后，由下式计算求得的。

$$\sigma = \sqrt{\frac{\sum(A_i - A)^2}{n - 1}}$$

检出限取决于仪器稳定性，并随样品基体的类型和溶剂的种类不同而变化。信号的波动来源于光源、火焰及检测器噪声，因而不同类型仪器的检测限可能相差很大。两种不同元素可能有相同的灵敏度，但由于每种元素光源噪声、火焰噪声及检测器噪声等不同，检出限就可能不一样。因此，检出限是仪器性能的一个重要指标。待测元素的存在量只有高出检出限，才可能可靠地将有效分析信号与噪声信号分开。"未检出"就是待测元素的量低于检出限。

五、原子吸收分光光度法的应用

原子吸收分光光度法广泛应用于多种行业，是微量金属元素的首选测定方法（非金属元素可采用间接法测量）。元素周期表中的大部分元素都是可能用原子吸收分光光度法来测定的，如图 2-19 所示。

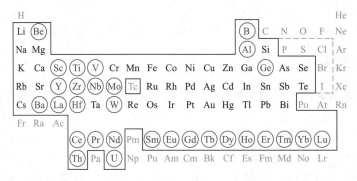

图 2-19　原子吸收分光光度计的测量范围

注：实线框表示可能直接测定的元素；圆圈内的元素需要高温火焰原子化；虚线内为间接测定的元素。

习题

1. 原子吸收光谱法选择性好，是因为（　　　）。

A. 原子化效率高　　　B. 光源发出的特征辐射只能被特定的基态原子吸收

C. 线性范围宽　　　　D. 检测器灵敏度高

2. 当待测元素与共存元素形成难挥发的化合物时，往往会导致参与原子吸收的基态原子数目减少而使测量产生误差，这种干扰因素称为（　　　）。

A. 光谱干扰　　　　B. 化学干扰　　　　C. 物理干扰　　　　D. 电离干扰

3. 选择不同的火焰类型主要是根据（　　　）。

A. 分析线波长　　　B. 灯电流大小　　　C. 狭缝宽度　　　　D. 待测元素性质

4. 原子吸收的定量方法——标准加入法，消除了下列哪些干扰（　　　）。

A. 基体效应　　　　B. 背景吸收　　　　C. 光散射　　　　　D. 电离干扰

5. 原子吸收检测中消除物理干扰的主要方法是（　　　）。

A. 配制与被测试样相似组成的标准溶液　　B. 加入释放剂

C. 使用高温火焰　　　　　　　　　　　　D. 加入保护剂

6. 从原理和仪器上比较原子吸收分光光度法与紫外吸收分光光度法的异同点。

7. 吸取 0.00mL、1.00mL、2.00mL、3.00mL、4.00mL 浓度为 $10\mu g \cdot mL^{-1}$ 的镍标准溶液，分别置于 25mL 容量瓶中，稀释至标线，在火焰原子吸收光谱仪上测得吸光度分别为 0.00、0.06、0.12、0.18、0.23。令称取镍合金试样 0.3125g，经溶解后移入 100mL 容量瓶中，稀释至标线。准确吸取此溶液 2.00mL，放入另一 25mL 容量瓶中，稀释至标线，在与标准曲线相同的测定条件下，测得溶液的吸光度为 0.15。求试样中镍的含量。

8. 称取含镉试样 2.5115g，经溶解后移入 25mL 容量瓶中稀释至标线。依次分别移取此样品溶液 5.00mL，置于 4 个容量瓶中，依次加入浓度为 $0.5\mu g \cdot mL^{-1}$ 的镉标准溶液 0.00mL、5.00mL、10.00mL、15.00mL，并稀释至标线，在火焰原子吸收光谱仪上测得吸光度分别为 0.06、0.18、0.30、0.41。求样品中镉的含量。

知识窗

大气中重金属的检测

我国的环境污染现状已使环境问题成为了公众焦点，其中难以降解的重金属污染以其对环境的破坏及人体的危害又成为焦点中的焦点。国务院于 2011 年 2 月 19 日批复了首个"十二五"专项规划——《重金属污染综合防治"十二五"规划》（以下简称《规划》），《规划》要求，重点区域重点重金属污染物排放量比 2007 年减少 15％，非重点区域重点重金属污染物排放量不超过 2007 年水平。在大气颗粒物中金属元素的检测方面，目前国内外并存着原子吸收光谱法（AAS）、电感耦合等离子体发射光谱法（ICP-AES）、电感耦合等离子体质谱法（ICP-MS）、X 射线荧光光谱法（XRF）、中子活化分析法以及质子诱导 X 射线发射光谱法等检测方法，其中，国内采用较多的有 AAS 法、ICP-AES 法和 XRF 法。

实训任务 1　火焰原子吸收法测水中微量镁——工作曲线法

镁是一种重要的工业材料，又是与人们健康密切相关的重要元素，如何测定水中微量镁呢？

任务来源

实训思路

开启仪器及操作软件 ➡ 选择光源 ➡ 配制溶液 ➡ 吸光度测定 ➡ 结果分析

仪器准备

原子吸收光谱仪（GGX-800）；空气压缩机；乙炔钢瓶；镁空心阴极灯；100mL 容量瓶 10 个；10mL 吸量管 2 支。

试剂准备

（1）$1.000\text{mg}\cdot\text{L}^{-1}$ 镁标准储备液：准确称取 0.8292g 氧化镁（分析纯，于 800℃高温炉中恒重过）于 100mL 烧杯中，滴加 $2\text{mol}\cdot\text{L}^{-1}$ 稀盐酸溶液至完全溶解，转入 500mL 容量瓶中，用去离子水稀释至标线，摇匀。

（2）$10\mu\text{g}\cdot\text{mL}^{-1}$ 镁标准工作液：取上述溶液 1mL 于 100mL 容量瓶中，用去离子水稀释至标线，摇匀。

（3）待测试样。

实训步骤

一、开机

1. 仪器检查　按仪器说明书检查仪器各部件，各气路接口是否安装正确，气密性是否良好。

2. 开机 打开仪器电源开关，双击电脑桌面上的"GGX-800"图标，进入软件工作界面，进入仪器"自动初始化窗口"。

3. 参数设置 待仪器初始化结束后，设置实验条件及相关参数：空心阴极灯的选择、"定峰"、"扫描"过程。基本实验条件设置好后设定其他"测量参数"，待仪器稳定。

4. 仪器点火 检查乙炔钢瓶使之处于关闭状态，打开空气压缩机工作开关和风机开关，调节压力表为 0.25MPa 左右，打开乙炔钢瓶调节输出压力至 0.05MPa 左右（具体见仪器操作手册上的压力），点击控制软件界面上的"点火"。

二、溶液的配制

1. 标准系列溶液的配制

准确吸取 0.00mL、1.00mL、2.00mL、4.00mL、6.00mL、8.00mL、10.00mL 上述镁标准工作液，分别置于 7 只 100mL 容量瓶中，用去离子水稀释至刻度，摇匀备用。该标准溶液系列镁的浓度分别为 $0.00\mu g \cdot mL^{-1}$、$0.10\mu g \cdot mL^{-1}$、$0.20\mu g \cdot mL^{-1}$、$0.40\mu g \cdot mL^{-1}$、$0.60\mu g \cdot mL^{-1}$、$0.80\mu g \cdot mL^{-1}$、$1.00\mu g \cdot mL^{-1}$，待测定吸光度值。

2. 样品溶液的配制

准确吸取待测试样若干毫升，置于 3 只 100mL 容量瓶中，同上述标准系列溶液同样配制成样品溶液，待测定其吸光度。

三、仪器点火

检查乙炔钢瓶使之处于关闭状态，打开空气压缩机工作开关和风机开关，调节压力表为 0.25MPa 左右，打开乙炔钢瓶调节输出压力至 0.05MPa 左右，点击控制软件界面上的"点火"。

四、测定标准系列溶液及待测水样的吸光度

1. 在设定实验条件下，以去离子水为参比，再依次由低浓度到高浓度测定所配制的标准溶液的吸光度。测定完毕，软件会自动生成相关的工作曲线，供样品检测使用。

2. 重新校准参比吸光度为 0.000 后进行样品溶液吸光度的测量，平行测定三次。

3. 最后保存、打印测定数据，相关数据填写至实训报告。

五、实验结束

实验完成后，吸取蒸馏水 5min 以上，关闭乙炔气瓶，火灭后退出测量程序，关闭主机、电脑和空压机电源，按下空压机排水阀。

※ 注意事项 ※

（1）乙炔钢瓶要另外放于一室，不能与原子吸收分光光度计及电脑等同放一室。

（2）点火之前一定要开启排风装置，检查气路的气密性。

（3）空压机使用 1h 需按下排水阀排水；点火及实验过程中要远离燃烧器，燃烧器上避免遮盖。

※ 结果与讨论 ※

（1）绘制标准曲线：根据镁标准液系列的浓度及测得的吸光度值，以浓度为横坐标，吸光度为纵坐标，利用计算机绘制标准曲线，得出回归方程及相关系数。

（2）计算水样中镁的浓度：根据水样吸光度值，对照标准曲线计算出镁的含量，最后换算成原始浓度。

实训任务 2　火焰原子吸收法测水中微量铜——标准加入法

任务来源

铜是人体必需的微量元素，铜的检测在食品安全及环境保护中具有重要的意义。

实训思路

开启仪器 ➡ 打开工作站 ➡ 选择光源 ➡ 配制溶液 ➡ 样品测定

仪器准备

原子吸收光谱仪（GGX-800）；空气压缩机；乙炔钢瓶；铜空心阴极灯；50mL 容量瓶 5 个；5mL 吸量管 2 支；10mL 移液管 1 支。

试剂准备

（1）1mg·mL^{-1} 铜标准储备液　准确称取 1.0000g 金属铜于 200mL 烧杯中，加入 HNO_3（1∶1）50mL，加热溶解。蒸至近干，冷却后加入 10mL HNO_3（1∶1），加去离子水煮沸，溶解盐类，冷却后转入 1000mL 容量瓶中，用去离子水稀释至标线，摇匀。此时铜的质量浓度为 1.000mg·mL^{-1}。

（2）50μg·mL^{-1} 铜标准工作液　取上述（1）溶液 5mL 于 100mL 容量瓶中，用去离子水稀释至标线，摇匀。此时铜的质量浓度为 50μg·mL^{-1}。

（3）待测试样。

实训步骤

一、开机

1. 仪器检查：按仪器说明书检查仪器各部件、各气路接口是否安装正确，气密性是否良好。

2. 开机：打开仪器电源开关，双击电脑桌面上的"GGX-800"图标，进入软件工作界面，进入仪器"自动初始化窗口"。

3. 参数设置：待仪器初始化结束后，设置实验条件及相关参数：空心阴极灯的选择、"定峰"、"扫描"过程。基本实验条件设置好后设定其他"测量参数"，待仪器稳定。

4. 仪器点火：检查乙炔钢瓶使之处于关闭状态，打开空气压缩机工作开关和风机开关，调节压力表为 0.25MPa 左右，打开乙炔钢瓶调节输出压力至 0.05MPa 左右（具体见仪器操作手册上的压力），点击控制软件界面上的"点火"。

二、配制系列溶液

按下表中所给的数据进行溶液的配制，将不同体积的铜标准工作液加入已各有 10mL 含铜水样的 50mL 的容量瓶中（5个），以（2∶100）稀 HNO_3 溶液稀释至标线，摇匀。待测定吸光度值。

容量瓶编号	1	2	3	4	5
含 Cu^2 水样/mL	10.00	10.00	10.00	10.00	10.00
$50\mu g \cdot mL^{-1}$ 铜标液/mL	0	1.00	2.00	3.00	4.00
吸光度 A					

三、仪器点火

检查乙炔钢瓶使之处于关闭状态，打开空气压缩机工作开关和风机开关，调节压力表为 0.25MPa 左右，打开乙炔钢瓶调节输出压力至 0.05MPa 左右，点击控制软件界面上的"点火"。

四、测定系列溶液吸光度

1. 在设定实验条件下，以去离子水为参比，再依次由低浓度到高浓度测定所配制的系列溶液的吸光度，记录至实训报告中。

2. 测量完毕软件会自动绘制标准曲线及计算外推的样品溶液的浓度。

3. 最后保存、打印测定数据，标准曲线。

五、实验结束

实验完成后，吸取蒸馏水 5min 以上，关闭乙炔，火灭后退出测量程序，关闭主机、电脑和空压机电源，按下空压机排水阀。

注意事项

（1）在测定之前，先用去离子水喷雾，调节读数至零点，然后按照浓度由低到高的原则依次测定溶液的吸光度值。

（2）测定结束后，先吸去离子水，清洁燃烧器，然后关闭仪器。关仪器时，必须先关闭乙炔，再关电源，最后关闭空气。

结果与讨论

（1）绘制标准加入曲线：根据铜系列溶液的浓度及测得的吸光度值，以浓度为横坐标，吸光度为纵坐标，利用计算机，绘制标准加入曲线，得出回归方程及相关系数。

（2）计算绘制标准曲线水样中铜的浓度，根据实际情况换算成原始浓度。

（3）与标准工作曲线法相比，标准加入法有何优缺点？

（4）原子吸收分光光度分析适用于测定哪些样品？

模块三
气相色谱法

气相色谱法（简称 GC）是色谱法的一种。色谱法中有两个相，一个相是流动相，另一个相是固定相。如果用液体作流动相，叫做液相色谱法；用气体作流动相，就叫气相色谱法。

本模块共分为五个项目。

 思维导入

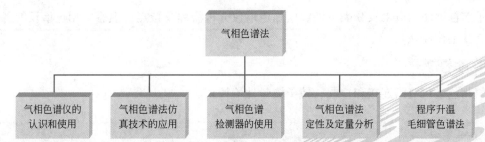

项目一
气相色谱仪的认识和使用

技能目标

学习气相色谱仪的正确安装使用；掌握气路系统的检漏、流量计的校正方法。

知识目标

了解色谱法的由来及分类；理解气相色谱仪分析流程及特点；熟悉气相色谱仪的各个组成部分及工作原理。

实训任务

气相色谱仪气路连接和检漏；转子流量计的校正。

气相色谱法用来做什么？ 气相色谱仪的基本组成是什么？

一、色谱法及其分类

1. 茨维特带你走进色谱世界

1906 年，俄国植物学家米哈伊尔·茨维特（M. S. Tswett）（见图 3-1）用碳酸钙填充竖立的玻璃管，以石油醚洗脱植物色素的提取液，经过一段时间洗脱之后，植物色素在碳酸钙柱中实现分离，由一条色带分散为数条平行的色带，如图 3-2 所示。他将这种方法命名为色谱法（*Chromatography*），由于茨维特的开创性工作，人们尊称他为"色谱学之父"。后来此法逐渐应用于无色物质的分离，"色谱"二字虽已失去原来的含义，但仍被人们沿用至今。

色谱法作为一种分离技术，从 20 世纪初发明以来经历了整整一个世纪的发展，到今天已经成为最重要的分离分析方法，广泛地应用于许多领域。

溶剂

碳酸钙

色谱带

图 3-1　米哈伊尔·茨维特　　图 3-2　茨维特植物色素分离实验装置

2. 色谱法的分类

从茨维特的叶绿素提取实验中可以知道色谱分离过程中存在两相，常理解为"一静一动"，即固定相（如碳酸钙）和流动相（如石油醚）。色谱法种类很多，其分类方法也有多种，常用的分类方法是按两相所处的状态分类，如表 3-1 所示。

表 3-1　色谱法的分类

流动相	总称	固定相	色谱名称
气体	气相色谱（GC）	固体	气–固色谱（GSC）
		液体	气–液色谱（GLC）
液体	液相色谱（LC）	固体	液–固色谱（LSC）
		液体	液–液色谱（LLC）

按色谱分离原理来分，气相色谱法亦可分为吸附色谱和分配色谱两类，气–固色谱属于吸附色谱，而气–液色谱属于分配色谱。

在实际工作中，气相色谱法以气–液色谱为主。

3. 气相色谱法的特点

① 灵敏度高：可检出 $10^{-15} \sim 10^{-11}$ g 的物质，可作超纯气体、高分子单体的痕量分析和空气中微量毒物的分析。

② 分离效率高：可以把复杂的样品分离成单组分。

③ 选择性高：可有效地分离性质极为相近的各种同分异构体和各种同位素，适合于多组分的同步分析。

④ 样品用量少：一般气体用几毫升，液体用几微升或几十微升。

⑤ 分析速度快：一般分析只需几分钟或十几分钟就可以完成，有利于指导和控制生产。

⑥ 应用范围广：既可以分析低含量样品，也可以分析高含量样品。

不足之处是：不能直接分析未知物，分析无机物、高沸点有机物和生物活性物质比较困难。

二、气相色谱仪

气相色谱仪分为通用型和专用型，一般情况下指通用型气相色谱仪。目前国内外的气相色谱仪种类和型号很多，进口仪器和国产仪器都普遍使用，如图 3-3 和图 3-4 所示。

图 3-3 安捷伦 GC7890 气相色谱仪

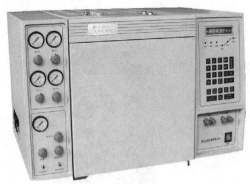

图 3-4 山东鲁南 SP-6800 气相色谱仪

三、气相色谱仪的基本构造

常用的气相色谱仪有单柱单气路（见图 3-5）和双柱双气路（见图 3-6）两种类型，包括六大系统：气路系统、进样系统、分离系统、温度控制系统、检测系统和数据处理系统。

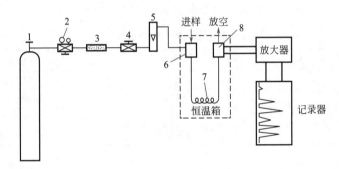

图 3-5 单柱单气路系统

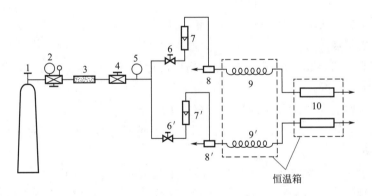

图 3-6 双柱双气路系统

（一）气路系统

气路系统是指流动相连续运行的密闭管路系统，它包括气源、净化器和管路三大块。通过该系统可以获得纯净的、流速稳定的载气。它的气密性、载气流速的稳定性对分析结果有很大影响。

1. 气源

气源包括载气和辅助气，载气是输送样品气体运行的气体，是气相色谱的流动相。常用的载气为 N₂、H₂。He、Ar 由于价格高，应用较少。辅助气是检测器的工作气体，常用 H₂ 为燃气，空气为助燃气。

气源的种类有气体发生器（如图 3-7 所示）和钢瓶（如图 3-8 所示）两种，不管任何类型的气源，提供的气体必须为色谱级的高纯气体，即纯度 99.99％，如果检测器为 FID 时，载气纯度可略低。

2. 气路系统主要部件

载气如果由高压气体钢瓶提供，气体钢瓶要求放置在气瓶柜内（如图 3-9 所示）。一般气相色谱仪使用的载气压力为 0.1~0.5MPa，因此需要通过减压阀（如图 3-8 所示）调节钢瓶输出压力。

图 3-7　气体发生器

图 3-8　钢瓶和减压阀

图 3-9　气瓶柜

由于气相色谱分析操作中要求载气的压力和流速必须稳定，所以载气管路中还必须使用稳压阀和稳流阀。

3. 管路连接

气相色谱仪内部的连接管路使用不锈钢管。气源至仪器的连接管路多采用不锈钢管或铜管，也可采用成本较低、连接方便的塑料管。连接处使用螺母、压环和"O"形密封圈进行连接。连接管道时，要求既要保证气密性，又不损坏接头，气路连接示意如图 3-10 所示。

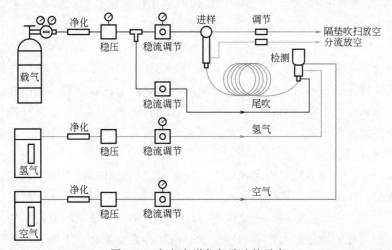
图 3-10　气相色谱仪气路连接示意

（二）进样系统

进样系统包括进样器和汽化室两部分，它的作用是把样品瞬间转变为气体，然后由载气将样品气体快速带入色谱柱。进样的多少、进样时间的长短、试样的汽化速度都会影响分离效果。

1. 进样器

（1）气体进样器　气体样品可以用六通阀进样，如图 3-11 所示。

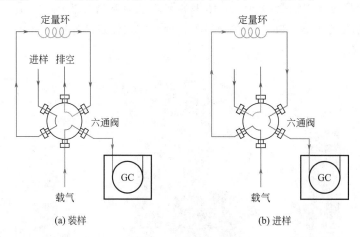

(a) 装样　　　　　　　　　　　(b) 进样

图 3-11　六通阀进样器

转式六通阀在取样状态时样气进入定量管，而载气直接进入色谱柱。进样状态时，将阀旋转 $60°$，此时载气通过定量管与色谱柱连接，将管中样气带入色谱柱中。定量管有 0.5mL、1mL、3mL、5mL 等规格，进样时可以根据需要选择合适体积的定量管。

（2）液体样品进样器　液体样品采用微量注射器（如图 3-12 所示）直接注入汽化室进样。常用的微量注射器有 $1\mu L$、$5\mu L$、$10\mu L$ 等规格。实际工作中可根据需要选择合适容积的微量注射器，要注意 $1\mu L$ 的进样针容易堵。

图 3-12　微量注射器

使用时要用待测样品润洗 3 次以上，对某些易污染样品要清洗 10 次以上，每次用完要及时清洗进样针。

2. 汽化室

气相色谱分析要求汽化室温度足够高，图 3-13 是一种常用的液体样品进样系统，当用微量注射器直接将样品注入汽化室时，样品瞬间汽化，然后由载气将汽化的样品带入色谱柱内进行分离。汽化室内不锈钢套管中插入的石英玻璃衬管能起到保护色谱柱的作用。进样口使用硅橡胶材料的密封隔垫，其作用是防止漏气。硅橡胶密封隔垫在使用一段时间后会失去密封作用，应注意更换。

使用毛细管柱时，由于柱内固定相量少，柱容量比填充柱低，为防止色谱柱超负荷，要使用分流进样器。样品在分流进样器中汽化后，只有一小部分样品进入毛细管柱，而大部分样品随载气由分流气体出口放空。在分流进样时，进入毛细管柱内的载气流量与放空的载气流量（即进入色谱柱的样品量与放空的样品量）的比称为分流比。毛细管柱分析时使用的分流比一般在 $(1:10)\sim(1:100)$ 之间。

（三）分离系统

在气相色谱仪中分离系统由柱箱和色谱柱构成，色谱柱是色谱仪的核心部件，其作用是将试样中混合在一起的多个组分逐次分离成单一组分而从检测器中流出。

1. 柱箱

在分离系统中，柱箱是一个精密的控温箱。调节色谱柱的温度实际上是调节柱箱的温度，柱箱的控温精度通常为±0.1℃。柱箱的控温范围一般在室温至450℃，有些仪器可以进行多阶程序升温控制，以满足色谱优化分离的需要。

2. 色谱柱

色谱柱一般可分为填充柱和毛细管柱。

（1）填充柱　填充柱长一般为1～5m，内径

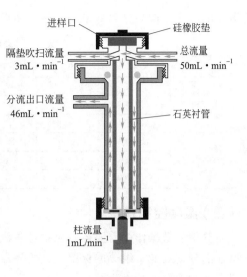

图 3-13　气相色谱仪汽化室示意

一般为2～4mm，如图3-14所示。在柱内均匀、紧密填充颗粒状的固定相（如图3-15所示）。填充柱的柱材料多为不锈钢和玻璃，其形状有U形和螺旋形，使用U形柱时柱效较高。

填充柱规格的表示方法：

$$长×内径(m×mm)$$

（2）毛细管柱　毛细管柱柱长一般为25～100m，内径一般为0.1～0.5mm，柱材料大多用熔融石英，即弹性石英柱，如图3-16所示。毛细管柱与填充柱相比具有分离效率高、分析速度快、色谱峰窄、峰形对称等优点，可解决填充柱难以分离的复杂样品的分析

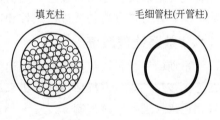

图 3-14　不同色谱柱剖面图

问题，是近代色谱柱发展的趋势。常用的毛细管柱为涂壁空心柱（WCOT），其内壁直接涂渍固定液（如图3-14所示）。毛细管柱规格的表示方法为：

$$长×内径×液膜厚度(m×mm×μm)$$

图 3-15　填充柱

图 3-16　毛细管柱

按柱内径的不同，WCOT可进一步分为微径柱、常规柱和大口径柱，表3-2列出常用色谱柱的特点及用途。

无论何种类型的色谱柱都有极性强弱之分，要根据样品的特性来选择。色谱柱是气相色

谱仪的心脏，样品分离效果的好坏，主要取决于色谱柱，因此要合理选择色谱柱。

表 3-2　常用色谱柱的特点和用途

参数		柱长/m	内径/mm	进样量/ng	主要用途
填充柱	经典	1~5	2~4	10~10^6	分析样品
	微型		≤1		分析样品
	制备		>4		制备色谱纯化合物
WCOT	微径柱	1~10	≤0.1	10~1000	快速GC
	常规柱	10~60	0.2~0.32		常规分析
	大口径柱	10~50	0.53~0.75		定量分析

（四）温度控制系统

气相色谱操作中需要控制色谱柱、汽化室及检测器三部分的温度。温度控制直接影响色谱柱的分离效能、组分的保留值、检测器的灵敏度和稳定性，因此气相色谱操作中温度的设置是非常重要的技术指标。

（五）检测系统

气相色谱的检测器种类较多，常用的是热导检测器（TCD）和氢火焰离子化检测器（FID）。气相色谱检测系统的作用是将经色谱柱分离后依次流出的化学组分的浓度或质量信号转变为电信号。电信号经过专用的数据转换卡输送至计算机，经过色谱工作站处理后显示或记录，并对被分离物质进行定性和定量处理，检测系统被称为气相色谱仪的眼睛。

（六）数据处理系统

早期的气相色谱仪使用记录仪记录色谱图，后来出现了色谱数据处理机（单片机），现在绝大多数气相色谱仪使用计算机来进行数据的采集和处理，高端仪器还可以通过计算机对气相色谱仪进行实时控制。

目前，国内市场上已出现多款中文操作界面"色谱工作站"，使用起来较方便，但这类产品只能实现数据的采集和处理，并不具备控制仪器的功能。

 习题

1. 在毛细管色谱中，应用范围最广的柱子是（　　　）。

A. 玻璃柱　　　　B. 石英玻璃柱　　　C. 不锈钢柱　　　　D. 聚四氟乙烯管柱

2. 下列气相色谱检测器中，属于质量型的检测器有（　　　）。

A. TCD　　　　B. FID　　　　C. FPD　　　　D. ECD

3. 单柱单气路气相色谱仪的工作流程为：由高压气瓶供给的载气依次经（　　　）。

A. 减压阀，稳压阀，转子流量计，色谱柱，检测器后放空

B. 稳压阀，减压阀，转子流量计，色谱柱，检测器后放空

C. 减压阀，稳压阀，色谱柱，转子流量计，检测器后放空

D. 稳压阀，减压阀，色谱柱，转子流量计，检测器后放空

4. 气相色谱的主要部件包括（　　　）。

A. 载气系统、分光系统、色谱柱、检测器

B. 载气系统、进样系统、色谱柱、检测器

C. 载气系统、原子化装置、色谱柱、检测器

D. 载气系统、光源、色谱柱、检测器

5. 气相色谱分析的仪器中，色谱分离系统是装填了固定相的色谱柱，色谱柱的作用是（　　）。

A. 分离混合物组分

B. 感应混合物各组分的浓度或质量

C. 与样品发生化学反应

D. 将其混合物的量信号转变成电信号

6. 气-液色谱、液-液色谱皆属于（　　）。

A. 吸附色谱　　　　　B. 凝胶色谱　　　　　C. 分配色谱　　　　　D. 离子色谱

7. 气相色谱分析的仪器中，载气的作用是（　　）。

A. 携带样品，流经汽化室、色谱柱、检测器，以便完成对样品的分离和分析

B. 与样品发生化学反应，流经汽化室、色谱柱、检测器，以便完成对样品的分离和分析

C. 溶解样品，流经汽化室、色谱柱、检测器，以便完成对样品的分离和分析

D. 吸附样品，流经汽化室、色谱柱、检测器，以便完成对样品的分离和分析

8. 色谱峰在色谱图中的位置用（　　）来说明。

A. 保留值　　　　　B. 峰高值　　　　　C. 峰宽值　　　　　D. 灵敏度

 知识窗

气相色谱专家系统

现代色谱仪的发展目标是智能色谱仪，它不仅是一种全盘自动化的色谱仪，而且还将具有色谱专家的部分智能。智能色谱的核心是色谱专家系统。气相色谱专家系统是一个具有大量色谱分析方法的专门知识和经验的计算机软件系统，它应用人工智能技术，根据色谱专家提供的专门知识，经验进行推理和判断，模拟色谱专家来解决那些需要色谱专家才能解决的气相色谱方法及建立复杂组分的定性和定量问题。

色谱专家系统的研制始于 20 世纪 80 年代中期，中国科学院大连化学物理研究所的 ESC（expert system for chromatography）有气相与液相两大部分，可以分别用于气相色谱和液相色谱，使用的是个人微型计算机。

许多色谱数据站都有在线定性和定量功能，但其定性、定量软件只起自动化的作用，ESC 气相色谱专家系统，力求的是要起智能化的作用。ESC 气相色谱专家系统智能定性方法，其核心是只储存物质在一个柱温和固定液时的保留指数的文献值，在一定范围内，可利用储存的少数与柱温、固定液有关的参数，预测其他柱温及固定液时的计算值，用其供作定性。对于出现组分分离不完全的情况，ESC 专家系统应用曲线拟合法时，先在计算机屏幕上显示色谱图，利用加减法更好地解决数值难以求准确的问题，然后用色谱峰分析软件分析色谱峰。

总之，色谱专家系统经过 10 多年的历程，已取得很大进展和一批可喜的成果，在生化、环保、石油化工等生产实践中愈加显示出其价值。可以预测，今后新的针对某些特定领域的问题，新的专用性专家系统软件将不断推出，可解决更多的各种实际问题。

实训任务 1　气相色谱仪气路的连接和检漏

任务来源

气路系统不密封会使实验数据异常，如果用氢气做载气，更要注意安全。如何连接？如何检漏？

实训思路

准备配件及工具 ➡ 连接气路 ➡ 气路检漏

仪器准备

SP-6800 型气相色谱仪（山东鲁南）；气体钢瓶；减压阀；净化器；色谱柱；紫铜管；垫圈。

试剂准备

二十烷基磺酸钠水溶液（肥皂水）。

实训步骤

一、准备工作

1. 学生观察气相色谱实训室，教师简单介绍实训室各仪器和设备的名称与用途。

2. 选择减压阀　使用氢气钢瓶选择氢气减压阀（氢气减压阀与钢瓶连接的螺母为左旋螺纹）；使用氮气（N_2）、空气等气体钢瓶，选择氧气减压阀（氧气减压阀与钢瓶连接的螺母为右旋螺纹）。

3. 准备净化器　清洗气体净化管并烘干，分别装入分子筛、硅胶。在气体出口处，塞一段脱脂棉（防止将净化剂的粉尘吹入色谱仪中）。

4. 准备一定长度的紫铜管（视具体需要而定）。

二、连接气路

1. 连接钢瓶与减压阀接口。

2. 连接减压阀与净化器。

3. 连接净化器与仪器载气接口。

4. 连接色谱柱（柱一头接汽化室，另一头接检测器）。

三、气路检漏

1. 钢瓶至减压阀间的检漏

关闭钢瓶减压阀上的气体输出节流阀，打开钢瓶总阀门（此时操作者不能面对压力表，应位于压力表右侧），用皂液涂在各接头处（钢瓶总阀门开关、减压阀接头、减压阀本身），如有气泡不断涌出（如图 3-17 所示），则说明这些接口处有漏气现象。

2. 汽化密封垫圈的检查

检查汽化密封垫圈是否完好，如有问题应更换新垫圈。

图 3-17　皂膜法检漏

3. 汽源至色谱柱间的检漏（此步在连接色谱柱之前进行）

用垫有橡胶垫的螺帽封死汽化室出口，打开减压阀输出节流阀并调节至输出表压 0.025MPa。打开仪器的载气稳压阀（逆时针方向打开，旋至压力表呈一定值）；用皂液涂各个管接头处，观察是否漏气，若有漏气，需重新仔细连接。关闭气源，待 30min 后，仪器上压力表指示的压力下降小于 0.005MPa，则说明汽化室前的气路不漏气，否则，应仔细检查找出漏气处，重新连接，再行试漏。

4. 汽化室至检测器出口间的检漏

接好色谱柱，开启载气，输出压力调在 0.2～0.4MPa。将转子流量计的流速调至最大，再堵死仪器主机左侧载气出口处，若浮子能下降至底，表明该段不漏气。否则再用皂液逐点检查各接头，并排除漏气（或关载气稳压阀、待 30min 后，仪器上压力表指示的压力下降小于 0.005MPa，说明此段不漏气，反之则漏气）。

四、结束工作

1. 关闭气源。

2. 关闭高压钢瓶。关闭钢瓶总阀，待压力表指针回零后，再将减压阀关闭（T 形阀杆逆时针方向旋转）。

3. 关闭主机上载气稳压阀（顺时针旋转）。

4. 填写仪器使用记录，做好实验室整理和清洁工作，并进行安全检查后，方可离开实验室。

◇◇ 注意事项 ◇◇

（1）高压气瓶和减压阀螺母一定要匹配，否则可能导致严重事故。

（2）安装减压阀时应先将螺纹凹槽擦净，然后用手旋紧螺母，确实入扣后再用扳手扣紧。

（3）安装减压阀时应小心保护好"表舌头"，所用工具忌油。

（4）在恒温室或其他近高温处的接管，一般用不锈钢管和紫铜垫圈，而不用塑料垫圈。

（5）检漏结束应将接头处涂抹的肥皂水擦拭干净，以免管道受损，检漏时氢气尾气应排出室外。

◇◇ 结果与讨论 ◇◇

（1）气相色谱实训室的基本装备（含仪器设备、辅助设备等）有哪些？

（2）简述气体（载气）的打开与设置过程。

（3）为什么要进行气路系统的检漏试验？

实训任务 2　　转子流量计的校正

任务来源

转子流量计是指什么，它的标示值与稳流阀的圈数有何关系？如何进行校正？

实训思路

准备工具和皂膜 ➡ 确定仪器通道 ➡ 流量测定 ➡ 校正结果

仪器准备

SP-6800 型气相色谱仪（山东鲁南）；气体钢瓶；减压阀；净化器；色谱柱；紫铜管；垫圈；皂膜流量计（如图 3-18 所示）。

试剂准备

十二烷基磺酸钠水溶液（肥皂水）。

实训步骤

一、准备工作

1. 观察本组 SP-6800 型气相色谱仪，确定本仪器载气所接的进出口通道。

2. 清洗皂膜流量计，向橡胶滴头中注入澄清的肥皂水，用乳胶管将皂膜流量计与气相色谱仪载气排出口（柱分流口或检测器出口）连接。

二、气体的打开与流量的测定

1. 逆时针打开载气（N_2）钢瓶总阀，顺时针调节减压阀"T"形杆至压力表显示输出压力为 0.5MPa。

2. 用载气稳压阀调节转子流量计（如图 3-19 所示）中的转子至某一高度，如 0、5、10、15、20、25、30、35、40 等示值处（注意记录稳流阀的圈数）。

图 3-18　皂膜流量计

图 3-19　转子流量计

3. 轻捏一下皂膜流量计橡皮滴头，使皂液上升封住支管，产生一个皂膜。

4. 用秒表测量皂膜上升至一定体积（10mL）所需要的时间，并记录至实训报告中。

实验完成后绘制稳流阀圈数（或转子流量计转子高度)-载气流量曲线，如图 3-20 所示。

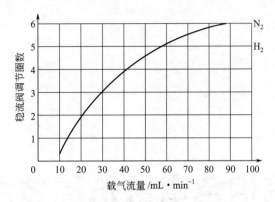

图 3-20　转子流量计校正曲线

三、结束工作

1. 关闭气源。

2. 关闭高压钢瓶。关闭钢瓶总阀，待压力表指针回零后，再将减压阀关闭（T 形阀杆逆时针方向旋转）。

3. 关闭主机上载气稳压阀（顺时针旋转）。

4. 填写仪器使用记录，做好实验室整理和清洁工作，并进行安全检查后，方可离开实验室。

注意事项

（1）必须保持皂膜流量计的清洁、湿润，预防测定的皂膜破裂。

（2）皂膜流量计测流速时，每改变流量计转子高度后，都要等一段时间（0.5～1min），然后再测流速值。

结果与讨论

（1）根据所记录的时间数据，计算出与转子流量计转子高度相应的柱后皂膜流量计流量 $F_{皂}$。

（2）绘制转子高度-载气体积流量（$F_{皂}$）关系曲线。

（3）实验中，调节转子高度是通过调节什么来达到目的的？

（4）观察实训室中 SP-6800 气相色谱仪，有几个柱前压稳压阀，本次操作用的是第几号稳压阀？

项目二
气相色谱法仿真技术的应用

 技能目标

　　熟悉气相色谱仿真软件；利用仿真软件模拟进行色谱仪开机、关机的操作；理解柱温、载气流速对分离度的影响及样品的分析。

 知识目标

　　熟悉色谱法基本原理；掌握气相色谱基本术语及分离度等概念。

 实训任务

　　柱温对保留值及分离度的影响仿真实验；白酒中甲醇含量的测定仿真实验。

> 色谱法是如何完成性质接近的混合物的分离的？
> 什么是气相色谱法仿真技术？

一、色谱法的分离原理

　　色谱分析法是一种依据物质的物理化学性质不同（溶解性、极性、离子交换能力、分子大小等），进行分离的分析方法。

　　日常生活中有很多与色谱分离相似的情形，如运动会上进行的跑步比赛和游泳比赛，运动员们都是在同一起跑线出发，却不是同时到达终点的，原因是他们的速度不同。色谱分离的基本原理是同样的，茨维特实验中，不同的色素在碳酸钙与石油醚的共同作用下在玻璃柱中呈现不同的运行速度，使其实现彼此分离。填充了 $CaCO_3$ 的玻璃管柱称为色谱柱，$CaCO_3$ 固体颗粒称为固定相，石油醚称为流动相，流出的色带称为色谱图。色谱分离的原理是利用不同物质在通过色谱柱时与流动相和固定相之间发生相互作用（固体固定相为吸附-脱附，液体固定相为溶解-挥发），由于这种相互作用的能力不同而产生不同的分配率，经过多次分配使混合物分离，并按先后次序从色谱柱后流出，如图 3-21 所示。

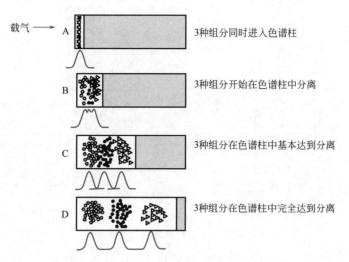

图 3-21　色谱法分离过程示意

（一）气相色谱仪的工作流程

　　用气相色谱法分离、分析样品的基本过程如图 3-22 所示。由高压钢瓶提供载气（流动相），经过减压阀、净化器、稳压阀和流量计后，以稳定的压力和流速连续经过汽化室、色谱柱、检测器，最后放空。样品从进样口进入汽化室，瞬间液体样品被汽化，随载气带入色谱柱中进行分离。分离后的样品随着载气依次进入检测器，检测器将组分的浓度（或质量）转换为电信号，电信号经放大器放大后由记录仪记录下来，就得到色谱图。

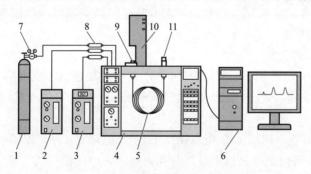

图 3-22　气相色谱仪基本结构示意

1—高纯氮气瓶；2—空气压缩机；3—氢气发生器；4—色谱仪主机；5—色谱柱；
6—色谱工作站；7—减压阀；8—气体净化管；9—进样口；10—自动进样器；11—检测器

（二）色谱流出曲线和术语

1. 色谱流出曲线

　　色谱流出曲线也叫色谱图，是指试样经色谱分离后的各组分流出色谱柱的时间或流出体积与检测器输出的电信号的变化关系曲线图，每一个对应组分的图形称为一个色谱峰。理想的色谱峰应该是正态分布曲线，如图 3-23 所示。

2. 色谱图中的术语

　　色谱法实际应用中常用一些专门的术语来描述色谱流出曲线的不同参数。

　　（1）基线　色谱柱中仅有纯流动相时，检测器响应到信号的记录值。基线在稳定的条件

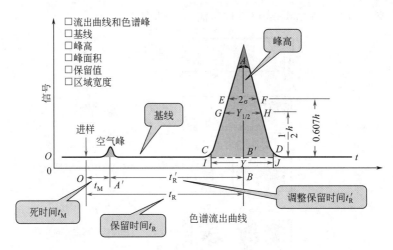

图 3-23　色谱流出曲线及有关术语

下应是一条水平的直线。由各种因素所引起的基线起伏称为基线噪声（如图 3-24 所示），如果基线随时间产生定向的缓慢变化，称为基线漂移（如图 3-25 所示）。

图 3-24　基线噪声　　　　　　　　　　　　　图 3-25　基线漂移

（2）峰高与峰面积

① 峰高　如图 3-23 所示，从色谱峰顶点到基线之间的距离称为峰高，用 h 表示。

② 峰面积　如图 3-23 所示，色谱流出曲线所包围的面积称为峰面积，用 A 表示。峰高和峰面积是色谱分析中常用的定量参数。

（3）色谱峰的区域宽度

① 标准偏差（σ）标准偏差（σ）是指 0.607 倍峰高处色谱峰宽度的一半。

② 峰底宽　峰底宽（W_b）是指色谱峰两侧拐点所作的切线与基线两交点之间的距离 IJ，$W_b = 4\sigma$。

③ 半峰宽　半峰宽（$W_{1/2}$）是指在峰高 $1/2h$ 处的峰宽 GH，$W_{1/2} = 2.354\sigma$。

（4）保留值　保留值是指试样中各组分在色谱柱内的保留行为，常用时间或相应的载气体积表示，分别称为保留时间和保留体积，以时间来表示的保留值更为常用。在一定实验条件下，组分的保留值具有特征性，常作为色谱分析中的定性参数。

① 死时间（t_M）　是指不被固定相吸附或溶解的气体（如空气、甲烷）从进样开始到柱后出现浓度最大值时所需的时间，用 t_M 表示（如图 3-23 所示），单位为 min 或 s，死时间实际上就是载气流经色谱柱所需要的时间。使用热导检测器时用空气峰测 t_M，使用氢火焰离子化检测器时，用甲烷峰测 t_M。

② 保留时间（t_R）　是指被测组分从进样开始到柱后出现信号最大值时所需的时间（如图 3-23 所示）。保留时间是色谱峰位置的标志，以 t_R 表示，单位为 min 或 s。

③ 调整保留时间（t'_R）　扣除死时间后的保留时间（如图 3-23 中），以 t'_R 表示，单位为 min 或 s。

$$t'_R = t_R - t_M$$

④ 相对保留值（r_{is}） 一定的实验条件下某组分 i 与另一标准组分 s 的调整保留时间之比。

$$r_{is} = \frac{t'_{Ri}}{t'_{Rs}}$$

r_{is} 仅与柱温及固定相性质有关，而与其他实验条件如柱长、柱内填充情况及载气的流速等无关。

⑤ 选择性因子（α） 指相邻两组分的调整保留值之比。

$$\alpha = \frac{t'_{R_2}}{t'_{R_1}}$$

α 数值能反映色谱柱对难分离物质对的分离选择性。α 值越大，相邻两组分的 t'_R 相差越大，两组分的色谱峰相距越远，分离得越好，说明色谱柱的分离选择性越高。当 $\alpha = 1$ 或接近于 1 时，两组分的色谱峰重叠，不能被分离。

⑥ 分配系数（K） 分配系数也叫分配平衡常数，是指在一定条件下，分配达平衡状态时，组分在固定相与流动相中的浓度之比，以 K 表示。

$$K = \frac{c_s}{c_m}$$

式中，c_s、c_m 分别表示组分在固定相、流动相中的浓度。分配系数 K 是由组分、固定相及流动相的性质决定的，还与温度和压力两个变量有关。分配系数 K 值的大小能影响组分在柱内的停留时间，即保留时间，因此不同组分分配系数的差异是实现色谱分离的先决条件。

⑦ 容量因子（k） 容量因子又称分配比、容量比，是指在一定条件下，分配达平衡状态时，组分在固定相与流动相中的质量之比，以 k 表示。

$$k = \frac{m_s}{m_m}$$

式中，m_s 为组分在固定相中的质量；m_m 为组分在流动相中的质量。

组分在固定相与流动相中的质量比也等于组分在两相中的保留时间之比。所以测容量因子 k 较测分配系数容易（因为只要测 t_R 就行），所以色谱分析中常用容量因子 k 而不用分配系数 K。

（三）塔板理论

塔板理论是 1941 年马丁和詹姆斯提出的半经验理论，他们将色谱柱假想为许多小段，称为塔板，如图 3-26 所示。样品在每块塔板的流动相和固定相之间分配瞬间平衡，再进入下一块塔板。由于流动相在不停地移动，组分就在这些塔板间的两相间不断达到分配平衡。组分在两相间的分配系数与浓度无关，在各塔板中均为同一常数，单位柱长的塔板数越多，表明柱效越高。以 n 表示理论塔板数，L 表示柱长，H 表示每个塔板高度。H 越小，n 越多，组分在塔内分配次数越多，则柱效越高。

塔板数：

$$n = 5.54 \left(\frac{t_R}{W_{1/2}}\right)^2 = 16 \left(\frac{t_R}{W}\right)^2 \qquad (3-1)$$

$$n = L/H \qquad (3-2)$$

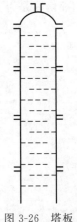

图 3-26 塔板模型

（四）速率理论

1956 年，由荷兰人范第姆特（Van Deemter）提出速率方程式，经多人完善推广。定义 H 为单位柱长的离散度，范第姆特方程为：

$$H=A+\frac{B}{u}+Cu \tag{3-3}$$

式中，H 为塔板高度，其中 A 为涡流扩散项，B/u 为纵向扩散项，Cu 为传质阻力项。

它指出组分分子在柱内运行的多路径、涡流扩散、浓度梯度造成的分子扩散及传质阻力使气液两相间的分配平衡不能瞬间达到。

（五）色谱柱的总分离效能指标——分离度

在色谱分析中，塔板理论和速率理论都难以描述难分离物质对的实际分离程度，即柱效为多大时，相邻两组分能够被完全分离。难分离物质对在色谱柱内分离效果的好坏主要看两个方面：一是难分离的物质（相邻组分）的色谱峰是否完全分开，即峰的间距是否足够；二是峰形的宽窄程度。理想的分离效果是峰间距足够大且峰形狭窄。

选择性因子 α 的大小，反映了相邻两组峰间距的大小，但不能反映峰的形状及宽窄；塔板高度 H 和塔板数 n 只能反映色谱柱对单一组分的柱效能，而不能说明难分离物质对的分离情况。因此结合热力学和动力学两方面的因素，确定一个参量作为色谱柱的总分离效能指标，既要反映相邻色谱峰的间距，又要反映色谱峰的宽窄，为此提出了分离度的概念。分离度又称为分辨率，用 R 表示，是指两个相邻色谱峰的分离程度。R 等于相邻色谱峰保留时间之差与两色谱峰峰宽平均值之比，如图 3-27 所示。

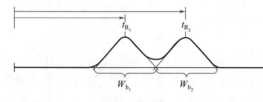

图 3-27　分离度的计算

分离度的计算公式如下：

$$R=\frac{t_{R_2}-t_{R_1}}{(W_{b_1}+W_{b_2})/2} \tag{3-4}$$

式中，t_{R_1}、t_{R_2} 分别为 1、2 组分的保留时间；W_{b_1}、W_{b_2} 分别为 1、2 两组分的色谱峰峰底宽度。

显然，分子项中两保留时间差越大，即两峰相距越远，分母项越小，即两峰越窄，R 值就越大，两组分分离得就越完全。一般来说，当 $R<1$ 时，两峰有明显的重叠，当 $R=1$ 时，分离程度可达 98%，当 $R=1.5$ 时，分离程度可达 99.7%。所以，通常用 $R\geqslant1.5$ 作为衡量相邻两峰是否完全分离的指标，分离效果如图 3-28 所示。

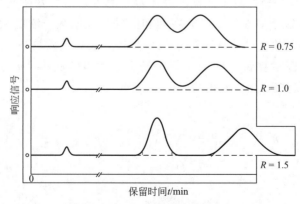

图 3-28　不同分离度时的分离效果

二、气相色谱的固定相

气相色谱分析中，混合组分分离得好坏，在很大程度上取决于固定相的选择是否合适。毛细管色谱柱最常用的是聚硅氧烷和聚乙二醇，另外还有一类是小的多孔粒子组成的聚合物或沸石（例如氧化铝、分子筛等）。

1. 聚硅氧烷固定相

聚硅氧烷由于其用途广泛、性能稳定，是最常用的固定相。标准的聚硅氧烷是由许多单个的聚硅氧烷连接而成，每个硅原子与两个功能基团相连，最常见的功能团为甲基和苯基，此外还有氰丙基和三氟丙基。这些功能团的类型和数量决定了色谱柱固定相的性质。最基本的聚硅氧烷是由100％甲基取代的，相应的柱子牌号有：HP-1、BP-1、DB-1、SE-30 等。若有其他取代基取代甲基时，牌号相应成为：HP-5、BP-5、DB-5、SE-54 等，表示有5％的甲基被取代。

2. 聚乙二醇固定相

聚乙二醇是另外一类广泛应用的固定相，有些称之为"WAX"或"FFAP"。聚乙二醇的稳定性、使用温度范围都比聚硅氧烷要差一些。聚乙二醇固定相色谱柱的寿命短，而且容易受温度和环境（有氧环境）的影响。但由于它的极性较强，对极性物质有特殊的分离效能，所以仍是常用的固定相之一。常见的牌号有 FFAP、HP-Wax、DB-Wax、Carbowax-10、OV-351 等。

3. 气-固固定相

另外一类由小的多孔粒子组成的聚合物或沸石的固定相称为气-固固定相。气-固固定相就是在管壁表面黏合很薄一层的小颗粒物质，通常叫做多孔层开口管（PLOT）柱。试样是通过在气-固固定相上产生吸附-脱附作用来分离的，它们常用来分离各种气体及低沸点溶剂。最常用的 PLOT 柱固定相有苯乙烯衍生物、氧化铝和分子筛等。相应的柱子牌号有：HP PLOTAl$_2$O$_3$、HP PLOTAl$_2$O$_3$ "KCl"、HP PLOTQ、HP PLOTU 等。由于固体吸附剂种类不多，所以气-固色谱法的应用受到限制。

4. 键合和交联固定相

为了改善柱子的性能，常采用键合和交联的方式。交联是将多个聚合物链单体通过共价键进行连接，键合是将其再通过共价键与管壁表面相连。这样处理的结果使得固定相的热稳定性和溶剂稳定性都有较大的提高。所以，键合交联固定相色谱柱可以通过溶剂的浸洗，从而除去柱内的污染物。

三、色谱柱的使用

1. 毛细管柱的安装

当选择好合适的毛细管柱之后，就应该进行正确的安装工作。先将毛细管柱的两端截取一段（如果是已经使用过的柱子，安装之前一定要分清楚哪个是与进样口相连，哪个是与检测器相连），然后安装，注意螺帽不要拧得太紧。

① 检查气体过滤器、载气、进样垫和衬管等，保证辅助气和检测器的用气畅通有效。如果以前做过较脏试样或活性较高的化合物，需要将进样口的衬管清洗或更换。

② 将螺母和密封垫装在色谱柱上，并将色谱柱两端小心切平。

③ 将色谱柱连接于进样口上，色谱柱在进样口中插入的深度随 GC 仪器不同而有所差

异。正确合适的插入能保证实验结果的重现性。通常来说，色谱柱的入口应保持在进样口的中下部，当进样针穿过隔垫完全插入进样口后，如果针尖与色谱柱入口相差 $1\sim2cm$，这就是较为理想的状态。将色谱柱正确插入进样口后，把连接螺母拧上，拧紧后（用手拧不动了）用扳手再多拧 $1/4\sim1/2$ 圈，保证安装的密封程度。如果安装不紧密，不仅会引起装置的泄漏，而且有可能对色谱柱造成永久损坏。

④ 将色谱柱连接于检测器上，其安装和所需注意的事项与色谱柱与进样口连接大致相同。

⑤ 保证载气流量后，再对色谱柱的安装进行检查。注意：如果不通入载气就对色谱柱进行加热，会快速且永久性地损坏色谱柱。

⑥ 色谱柱的老化，色谱柱安装和系统检漏工作完成后，可以对色谱柱进行老化。

2. 色谱柱的老化

毛细管柱特别是新的柱子，使用之前的老化是很重要的，老化的目的就是使涂层固定相中的低沸点物质挥发干净，使固定液分配均匀。老化时，毛细管柱的一端接进样口，另一端不接检测器，放置于柱箱内。老化的最高温度应该低于柱子最高使用温度的 $20\sim30℃$，老化时应该采用程序升温，升温的速率尽量小，然后在最高温度保持 $4h$ 左右。第一次老化结束后，将连接检测器的一端的毛细管柱截取一段，安装后查看基线是否正常，若不正常还需要继续老化。

3. 毛细管柱的维护

毛细管柱在平时不使用的时候，因该妥善保管，柱子的两端都应该封好（可用废旧的进样垫），主要是防止固定液被氧化和杂物进入。放置时也应该标明柱子的哪一端连接检测器，哪一端连接进样口。

四、色谱柱的故障诊断

色谱柱在老化后或者使用久了会出现各种不同的故障，表3-3中列举几种常见的情况。

表 3-3 色谱柱故障与诊断

序号	故障	诊断
1	无峰或峰很小	检查色谱柱连接是否正确;进样口是否密封;进样衬管是否正常;是否点火;载气是否正常;检测器口是否有堵塞现象
2	拖尾	是否存在柱过载,可以将试样稀释再进样;也可更换较厚液膜的色谱柱
3	基线位置突然变化	温度是否改变;载气流速是否改变;气路系统是否有漏
4	基线漂移	老化色谱柱温度是否正确;载气纯度是否达到要求
5	基线噪声	密封垫是否要更换;衬管是否被污染;气体净化器是否要更换;检测器是否被污染;实验室是否有异常气体
6	鬼峰	进样垫是否流失;进样口是否污染;载气纯度是否达到要求;做空运行是否改变;降温运行是否改变;增加载气流速是否改变
7	色谱峰丢失	进样口温度是否正确;进样口是否被污染;改用脱活的衬管
8	其他	降低试样浓度;降低柱温;增加进样口温度;改变溶剂类型;增大分流比

习题

1. 在气相色谱分析中，色谱流出曲线的宽度与色谱过程的哪些因素无关（　　）？

A. 热力学因素　　　　　　　　　　B. 色谱柱长度

C. 动力学因素　　　　　　　　　　D. 热力学和动力学因素

2. 在一定的柱温下，下列哪个参数的变化不会使保留值发生改变（　　）。

A. 改变检测器性质　　　　　　　　B. 改变固定液种类

C. 改变固定液用量　　　　　　　　D. 增加载气流速

3. 一般气相色谱法适用于（　　）。

A. 任何气体的测定

B. 任何有机和无机化合物的分离、测定

C. 无腐蚀性气体与在汽化温度下可以汽化的液体的分离与测定

D. 任何无腐蚀性气体与易挥发的液体、固体的分离与鉴定

4. 气-液色谱柱中，与分离度无关的因素是（　　）。

A. 增加柱长　　　　　　　　　　　B. 改用更灵敏的检测器

C. 调节流速　　　　　　　　　　　D. 改变固定液的化学性质

5. 衡量色谱柱总分离效能的指标是（　　）。

A. 塔板数　　　　　B. 分离度　　　　　C. 分配系数　　　　　D. 相对保留值

6. 气相色谱分析的仪器中，检测器的作用是（　　）。

A. 检测器的作用是感应到达检测器的各组分的浓度或质量，将其物质的量信号转变成电信号，并传递给信号放大记录系统

B. 检测器的作用是分离混合物组分

C. 检测器的作用是将其混合物的量信号转变成电信号

D. 检测器的作用是与感应混合物各组分的浓度或质量

7. 启动气相色谱仪时，若使用热导检测器，有如下操作步步骤：1—开载气；2—汽化室升温；3—检测室升温；4—色谱柱升温；5—开桥电流；6—开记录仪，下面哪个操作次序是绝对不允许的（　　）。

A. 2—3—4—5—6—1　　　　　　　B. 1—2—3—4—5—6

C. 1—2—3—4—6—5　　　　　　　D. 1—3—2—4—6—5

8. 固定相老化的目的是（　　）。

A. 除去表面吸附的水分

B. 除去固定相中的粉状物质

C. 除去固定相中残余的溶剂及其他挥发性物质

D. 提高分离效能

9. 下列情况下应对色谱柱进行老化（　　）。

A. 每次安装了新的色谱柱后

B. 色谱柱每次使用后

C. 分析完一个样品后，准备分析其他样品之前

D. 更换了载气或燃气

知识窗

气相色谱——马丁与辛格

　　马丁于 1910 年 3 月 1 日出生于英国伦敦一个书香门第，早年就读于著名的贝德福德学校。在学校，他的物理、化学成绩总是名列前茅。1929 年，他进入剑桥大学学习。1932 年大学毕业，1935 年和 1936 年他先后拿到了硕士和博士学位。辛格 1914 年 10 月 28 日出生于英国的利物浦，1936 年从剑桥大学毕业，1939 年获得了硕士学位，1941 年马丁、辛格联名发表了第一篇有关分配色谱法的文章，因此，辛格获得了博士学位。

　　1937 年，马丁到剑桥大学与辛格共事。1938 年，他们制成第一台液相色谱仪，但还有很大的缺陷。1940 年，马丁改进设计出一台合用的分配色谱仪。1941 年，马丁、辛格联合发展了第一篇有关分配色谱的文章，1943 年，辛格离开利兹，但他还始终与马丁联系与合作，继续对分配色谱法进行探索，1944 年马丁等人在上述探索的基础上，用普通滤纸代替硅胶作为载体，也获得了成功。分配色谱法和纸色谱法的发明和推广极大地推动了化学研究，特别是有机化学和生物化学的发展，可以说是分析方法上一次了不起的革命。正是认识到这一意义，诺贝尔评奖委员会将 1952 年的诺贝尔化学奖授予了马丁和辛格。

实训任务 1　柱温对保留值及分离度的影响仿真实验

任务来源

　　　　以分离度来衡量分离效果，柱温是重要的操作参数，如何选择合理的柱温？

实训思路

开机 ➡ 确定待测组分保留值 ➡ 改变柱温进行优化 ➡ 结果分析

仪器准备

本实训采用的仿真软件为东方仿真气相色谱操作软件。

（1）气相色谱仪 。

（2）色谱柱：5％SE-30 不锈钢柱，长 2.5m，内径 3mm。

（3）载气：氮气（50mL·min^{-1}）。

（4）检测器：FID；

（5）进样口（汽化室）、检测器温度：240℃。

试剂准备

联苯；萘；甲萘酚（α-萘酚）；乙醇；以上试剂均为分析纯。

实训步骤

一、开机

1. 开载气，调载气流量至 $50mL \cdot min^{-1}$。

2. 开电源，设定柱温为 140℃，进样口温度为 210℃。

3. 按升温按钮，色谱柱箱、进样口（汽化室）和检测器开始升温。

4. 点火，调空气流量到 $500mL \cdot min^{-1}$，氢气流量到 $75mL \cdot min^{-1}$ 以上，按点火按钮点火（如果点火成功，你会听到一声清脆的爆鸣声）。

5. 点火成功后，将氢气流量调到 $50mL \cdot min^{-1}$。

6. 过了一段时间，Ready 指示灯亮，再过一段时间，基线已基本稳定，按"调零"按钮，将当前的基线电压调到零点，将"范围"设定到1。

二、柱温与组分保留值的关系实验

1. 样品选择甲烷，进样量选择 $10\mu L$，测死时间。

2. 选择样品联苯，进样量选择 $1\mu L$，分别选择柱温为 140℃、150℃、160℃、170℃、180℃，进样，保存色谱图，并记下不同柱温条件下联苯的保留时间。

3. 分别选择样品为萘和甲萘酚（比较甲萘酚与另两种组分的色谱峰，注意甲萘酚的色谱峰拖尾很明显），重复上面的实验（选做）。

三、柱温对相邻峰分离度的影响实验

1. 同时选择样品联苯与甲萘酚（选择一个组分后，按住 Ctrl 键，单击另一组分）。

2. 选择柱温为 180℃，进样，保存色谱图，记录每一组分的保留时间 t_R。

3. 分别选择柱温为 170℃、165℃，重复上面的实验，根据保留值将对应的分离度结果填入实验报告。

注意事项

(1) 先阅读实验讲义，了解整个实验过程，以免做错。

(2) 每次改变柱温需要确认柱温实际值与设定值是否一致。

结果与讨论

(1) 根据实验数据总结柱温对保留值及分离度的影响有哪些规律？

(2) 如何优化实验条件？

实训任务 2　白酒中甲醇含量的测定仿真实验

白酒中含有微量的甲醇是允许的，但不能超标，因此，白酒中甲醇含量的测定是很重要的。

任务来源

开机 ➡ 方法优化 ➡ 标准曲线的制作 ➡ 酒样分析 ➡ 实训结论

仪器准备

本实训采用的仿真软件为东方仿真气相色谱操作软件。

(1)气相色谱仪。

(2)色谱柱：GDX-102 不锈钢柱，长 3m，内径 3mm。

(3)载气：氮气（50mL·min^{-1}）。

(4)检测器：FID，空气（500mL·min^{-1}），氢气（50mL·min^{-1}）。

(5)柱温：240℃。

(6)进样口（汽化室）、检测器温度：270℃。

实训步骤

一、开机

1.开载气，调载气流量到 50mL·min^{-1}。

2.开电源，设定柱温为 240℃，进样口温度为 270℃。

3.按升温按钮，色谱柱箱、进样口（汽化室）和检测器开始升温。

4.点火，调空气流量到 500mL·min^{-1}，氢气流量到 75mL·min^{-1} 以上，按点火按钮点火（如果点火成功，你会听到一声清脆的爆鸣声）。

5.点火成功后，将氢气流量调到 mL·min^{-1}。

6.过了一段时间，基线基本稳定后，按"调零"按钮，将当前的基线电压调到零点。

二、方法优化

1.调节相关参数，使得待测物色谱峰的峰形、分离度达到要求。

2.分析时间最佳。

三、标准曲线的绘制

1.选择进样量为 1μL，设定范围为 1，单击选择标准，在标准样品框中选择甲醇，准备分析标准样品甲醇。

2.选择甲醇浓度为 1mg·L^{-1} 的标准样品，进样，记录色谱图，待组分流出完后，按"停止"按钮，根据色谱峰的高度，可选择适当的记录灵敏度，重新显示适当高度的色谱图。记下甲醇的浓度和峰面积。重复上述操作，记下甲醇的峰面积，求出两次分析甲醇的峰面积的平均值。

3.分别选择甲醇浓度为 20mg·L^{-1}、40mg·L^{-1}、80mg·L^{-1}、100mg·L^{-1} 的标准样品。进样，记录色谱图，待组分流出完后，按"停止"按钮，记下甲醇的浓度和峰面积（每个样品平行进样两次，求出两次分析甲醇的峰面积的平均值）。

4.运行一元线性回归程序，求出甲醇的浓度与峰面积的关系曲线方程。

四、酒样的分析

1.单击选择样品，准备分析酒样。

2.选择酒样。进样，记录色谱图，待组分流出完后，按"停止"按钮，记下甲醇的浓度和峰面积。重复上述操作两次，记下甲醇的峰面积，求出三次分析甲醇的峰面积的平均值。注意要等组分流完后再进新样，否则前面没有流出的组分会干扰后面的分析。

注意事项

（1）先阅读实验讲义，了解整个实验过程，以免做错。

（2）当进一针白酒样品后，要等白酒中所有组分都流出完后再进第二针白酒样品，否则前一针酒样中保留时间较长的组分会干扰后一针酒样的分析。

结果与讨论

（1）优化实验条件的理论依据是什么？

（2）根据分析结果，判断酒样是否为不法分子用工业酒精勾兑的假酒。

注：国标《蒸馏酒及配制酒卫生标准》规定：以谷物为原料的酒的甲醇含量必须小于或等于 $0.04g \cdot 100mL^{-1}$，以薯干为原料的酒的甲醇含量必须小于或等于 $0.12g \cdot 100mL^{-1}$。

项目三
气相色谱检测器的使用

检测器有哪些类型，如何控制气相色谱仪的操作条件？

　　目前，气相色谱仪的检测器已有几十种，其中最常用的是氢火焰离子化检测器（FID）和热导检测器（TCD），普及型的仪器大都配有这两种检测器。此外电子捕获检测器（ECD）、火焰光度检测器（FPD）及氮磷检测器（NPD）也是使用得比较多的检测器。

一、氢火焰离子化检测器

1. 氢火焰离子化检测器工作原理

　　氢火焰离子化检测器（FID），简称氢焰检测器，是气相色谱检测器中使用最广泛的一种，如图3-29所示。它是典型的破坏性、质量型检测器，主要用于含碳有机化合物的检测。

　　进样后，样品随载气进入检测器，并在氢火焰中发生电离，生成正、负离子和电子在外加电场的作用下，向两极移动，形成微弱电流，此电流与引入氢火焰的样品的质量流量成正比。微弱电流经过高阻放大，送至记录仪记录下相应的色谱峰，因此可以根据信号的大小对有机物进行定量分析。

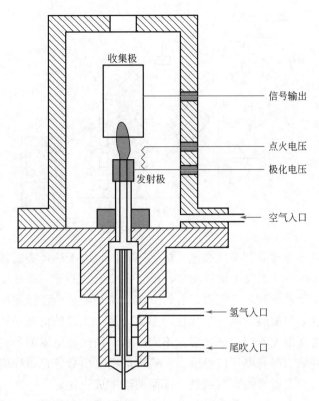

图 3-29　氢火焰离子化检测器结构示意

图中标注：收集极；信号输出；点火电压；极化电压；发射极；空气入口；氢气入口；尾吹入口

为了使 FID 灵敏度较高，氮气（载气＋尾吹）与氢气比控制在（1∶1）～（1∶1.5）（为了较易点燃氢火焰，点火时可加大 H_2 流量）。增大氢气流速，氮氢比下降至 0.5 左右，灵敏度将会有所降低，但可使线性范围得到提高。

空气是 H_2 的助燃气，为火焰燃烧和电离反应提供必要的氧，同时把燃烧产生的 CO_2、H_2O 等产物带出检测器。空气流速通常为氢气流速的 10 倍左右。流速过小，氧气供应量不足，灵敏度较低；流速过大，扰动火焰，噪声增大。一般空气流量选择在 $300\sim500mL \cdot min^{-1}$ 之间。

极化电压会影响 FID 的灵敏度，正常操作时，极化电压一般为 $150\sim300V$。

2. 氢火焰离子化检测器的特点及应用

FID 的特点是灵敏度高（比 TCD 的灵敏度高约 10^3 倍）、检出限低（可达 $10^{-12}g \cdot s^{-1}$）、线性范围宽（可达 10^7）。FID 结构简单，既可以用于填充柱，也可以用于毛细管柱。FID 对能在火焰中燃烧电离的有机化合物都有响应，是目前应用最为广泛的气相色谱检测器之一。FID 的主要缺点是不能检测永久性气体、水、一氧化碳、二氧化碳、氮的氧化物、硫化氢等物质。

二、热导检测器

1. 工作原理

热导检测器（TCD）是由热导池及利用不同物质的热导率不同而产生响应的浓度型检测器。是应用最早的通用型检测器，对无机物和有机物都有响应。

热导检测器的工作原理是基于不同气体具有不同的热导率，如图 3-30 所示。当没有进

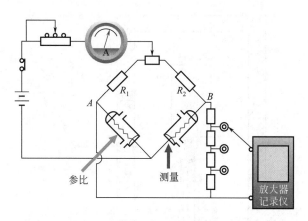

图 3-30 热导检测器

样时，参比池和测量池通过的都是纯载气，热导率相同，由于热丝温度相同两臂的电阻值相同，电桥平衡，输出端 CD 之间无信号输出，记录系统记录的是一条直线（基线）。

当有试样进入仪器系统时，载气携带着组分蒸气流经测量池，待测组分的热导率和载气的热导率不同，测量池中散热情况发生变化，而参比池中流过的仍然是纯载气，参比池和测量池两池孔中热丝热量损失不同，热丝温度不同，从而使热丝电阻值产生差异，使测量电桥失去平衡，电桥输出端之间有电压信号输出。输出的电压信号（色谱峰面积或峰高）与待测组分和载气的热导率的差值有关，与载气中样品的浓度成正比。

载气与样品的热导率（导热能力）相差越大，检测器灵敏度越高，不同化合物的热导率值如表 3-4 所示。TCD 常用 H_2 或 He 作载气，灵敏度高，线性范围宽。

表 3-4　一些化合物蒸气和气体的相对热导率

化合物	相对热导率 He＝100	化合物	相对热导率 He＝100	化合物	相对热导率 He＝100
氦(He)	100.0	乙炔	16.3	甲烷(CH_4)	26.2
氮(N_2)	18.0	甲醇	13.2	丙烷(C_3H_8)	15.1
空气	18.0	丙酮	10.1	环己烷	12.0
一氧化碳	17.3	四氯化碳	5.3	乙烯	17.8
氨(NH_3)	18.8	二氯甲烷	6.5	苯	10.6
乙烷(C_2H_6)	17.5	氢(H_2)	123.0	乙醇	12.7
正丁烷(C_4H_{10})	13.5	氧(O_2)	18.3	乙酸乙酯	9.8
异丁烷	13.9	氩(Ar)	12.5	氯仿	6.0
环己烷	10.3	二氧化碳(CO_2)	12.7		

载气的纯度也影响 TCD 的灵敏度，另外，增大电桥工作电流可以提高检测器灵敏度。但是，桥流增加，噪声也将随之增大。并且，桥流越高，热丝越易被氧化，使用寿命越短。一般商品 TCD 均有不同检测器温度下推荐使用的桥电流值，实际工作中可参考设置。

2. 热导检测器的特点

热导检测器结构简单，通用性好，线性范围宽，价格便宜，不破坏样品，应用范围广，热导检测器对任何可以汽化的物质均有响应（待测组分和载气的热导率有差异，即可产生响应），是通用型检测器，是唯一能测水的检测器。热导检测器定量准确，操作维护简单、价廉。主要缺点是灵敏度相对较低。

三、其他类型检测器

除了热导检测器（TCD）和氢火焰离子化检测器（FID）是常用的检测器外，电子捕获检测器（ECD）、火焰光度检测器（FPD）等也是重要的检测器类型，如表3-5所示。

表3-5　不同类型检测器的应用对比

检测器	载气种类	测定浓度	应用
热导（TCD）	氦、氢、氩、氮	$50\mu g \cdot mL^{-1}$	通用检测器
氢火焰离子化（FID）	氮、氮	数 $\mu g \cdot mL^{-1}$	有机化合物
电子捕获（ECD）	氮	数 $\mu g \cdot mL^{-1}$	有机卤素等
火焰光度（FPD）	氮、氮	$0.1\mu g \cdot mL^{-1}$	硫、磷化合物

ECD只对具有电负性的物质，如含S、P、卤素的化合物、金属有机物及含羰基、硝基、共轭双键的化合物有响应，而对电负性很小的化合物，如烃类化合物，只有很小或没有输出信号。ECD对电负性大的物质检测限可达 $10^{-14} \sim 10^{-12}$ g，所以特别适合于分析痕量电负性化合物。

火焰光度检测器（FPD）是一种高灵敏度和高选择性的检测器，对含有硫、磷的化合物有较高的选择性和灵敏度，常用于分析含硫、磷的农药及环境监测中分析含微量硫、磷的有机污染物。

四、检测器性能指标

一个优良的检测要求灵敏度高、检测限低、死体积小、响应速度快、线性范围宽并且稳定。通用型检测器要求适用范围广，选择性检测器要求选择性好。

1. 检测器的灵敏度（S）

气相色谱检测器的灵敏度（S）是指某物质通过检测器时浓度或质量的变化率引起检测器响应值的变化率。即：

$$S = \frac{\Delta R}{\Delta Q}$$

式中，ΔR 是检测器响应值的变化；ΔQ 是组分的浓度变化或质量变化。

检测器灵敏度越高，检测器检测组分的浓度或质量下限越低，但是检测器噪声往往也较大。

2. 线性与线性范围

检测器的线性是指检测器内载气中组分浓度或质量与响应信号成正比的关系。线性范围是指被测物质的质量与检测器响应信号呈线性关系的范围，以线性范围内最大进样量与最小进样量的比值表示。检测器的线性范围越宽，所允许的进样量范围就越大。

3. 检出限

检出限是指恰恰能产生和噪声相鉴别的信号时，在单位体积或时间需要进入检测器的物质质量（单位 g）。通常将产生三倍噪声信号时，单位体积载气中或单位时间内进入检测器的组分量称为检测限 D（亦称敏感度），其定义可用下式表示：

$$D = \frac{3N}{S}$$

灵敏度和检测限是从两个不同方面衡量检测器对物质敏感程度的指标。灵敏度越大，检测限越小，则表明检测器性能越好。

五、分离操作条件的选择

（一）色谱柱的选择和使用

1. 固定液的选择——相似相溶

① 非极性试样一般选择非极性固定液，如 OV-101、SE-30、HP-1、BP-1 色谱柱等。

② 中等极性的试样一般首选中等极性的固定液，如 OV-17、HP-50、AC10、OV-225、BP-225、HP-225 等。

③ 强极性试样应选用强极性固定液，如 AC20、PEG20M 等。

④ 还有其他情况，如酸碱性、氢键等都要具体考虑。

2. 柱长的选择

柱长的选用原则是在能满足分离目的的前提下，尽可能地选择较短的柱，有利于缩短分析时间。在不知道最佳柱长时，一般选择 20～30m 长的色谱柱。

3. 色谱柱膜厚的选择

色谱柱的液膜厚度直接影响到各个组分的保留特性和柱容量。膜厚度增加，组分保留值也增加。相反，柱的膜厚减少则会降低保留值。易挥发组分选择厚膜柱，高分子量的组分选择薄膜柱。

4. 色谱柱柱温的选择

柱温的选择原则是：既使样品中各个组分分离满足定性、定量分析要求，又不使峰形扩张、拖尾。

柱温一般选择在接近或略低于组分平均沸点的温度。对于组分复杂、沸程宽的试样，采用程序升温。

（二）载气的选择

1. 载气种类的选择

载气种类的选择首先要考虑使用何种检测器。比如使用 TCD，选用氢气或氦气作载气，能提高灵敏度；使用 FID 则选用氮气作载气。

2. 载气流速的选择

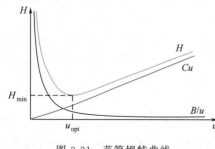

图 3-31　范第姆特曲线

气相色谱根据速率理论，载气流速高时，传质阻力项是影响柱效的主要因素，流速越高，柱效越低。当载气流速低时，分子扩散项是影响柱效的主要因素，流速越高，柱效越高。由于流速对这两项完全相反的作用，流速对柱效的总影响产生一个最佳流速值，以塔板高度 H 对应流速 u 作图（如图 3-31 所示），曲线最低点的流速即为最佳流速。最佳流速使板高 H 最小，柱效能最高。最佳流速一般通过实验来选择。使用最佳流速虽然柱效高，但分析速度慢，因此实际工作中，为了加快分析速度，同时又不明显增加塔板高度的情况下，一般采用比 u_{opt} 稍大的流速进行测定。

（三）操作温度的选择

1. 汽化室（进样口）温度

汽化温度越高对分离越有利，一般选择比柱温高 30～70℃。进样量大的话一般比柱温高 50～100℃。气体样品本身不需要汽化，但为了防止水分凝结，习惯设置在 100℃ 以上。

正确选择液体样品的汽化温度十分重要，尤其对高沸点和易分解的样品，要求在汽化温度下，样品能瞬间汽化而不分解。一般仪器的最高汽化温度为 350～420℃，有的可达 450℃，大部分气相谱仪应用的汽化温度在 400℃ 以下。

2. 柱温

柱温是影响分离最重要的因素，选择柱温主要是考虑试样沸点和对分离的要求，控制柱温的注意事项如下。

① 应使柱温控制在固定液的最高使用温度（超过该温度固定液会流失）和最低使用温度（低于该温度固定液以固体形式存在）之间。

② 柱温升高，分离度会下降，色谱峰变窄变高，柱温越高，组分挥发度越大，低沸点组分的色谱峰易出现重叠。柱温越低，分离度越大，但保留值也变大，一定程度上可以改善组分的分离。

③ 柱温一般选择在接近或略低于组分平均沸点的温度。

④ 对于组分复杂、沸程宽的试样，采用程序升温。

3. 检测器温度

一般要求检测器温度比柱温高 20～50℃，对于 FID 检测器，为了防止水蒸气在检测器中冷凝成水，减小灵敏度，增加噪声。所以，要求 FID 检测器温度必须在 120℃ 以上。

（四）其他操作条件的选择

1. 进样量的选择

在进行气相色谱分析时，进样量要适当。若进样量过大，超过柱容量，将致使色谱峰峰形不对称程度增加，峰变宽，分离度变小，保留值发生变化。峰高和峰面积与进样量不成线性关系，无法定量。若进样量太小，又会因检测器灵敏度不够，不能准确检出。一般对于内径 3～4mm，固定液用量为 3％～15％ 的色谱柱，检测器为 TCD 时液体进样量为 0.1～10μL；检测器为 FID 时进样量一般不大于 1μL。

2. 检测器的选择

一般以 FID 居多，对于 FID 不能检测的无机气体及水的分析常选择 TCD。

 习题

1. 在以下因素中，属热力学因素的是（　　）。

A. 分配系数　　　B. 扩散速度　　　C. 柱长　　　D. 理论塔板数

2. 理论塔板数反映了（　　）。

A. 分离度　　　B. 分配系数　　　C. 保留值　　　D. 柱的效能

3. 欲使色谱峰宽减小，可以采取（　　）。

A. 降低柱温　　　B. 减少固定液含量　　C. 增加柱长　　D. 增加载体粒度

4. 如果试样中各组分无法全部出峰或只要定量测定试样中某几个组分，那么应采用下列定量分析方法中哪一种为宜？（　　）。

A. 归一化法　　　B. 外标法　　　C. 内标法　　　D. 标准工作曲线法

5. 俄国植物学家茨维特在研究植物色素成分时，所采用的色谱方法是（　　）。

A. 液-液色谱法　　　B. 液-固色谱法　　　C. 尺寸排阻色谱法　　　D. 离子交换色谱法

6. 色谱图上两峰间距离的大小，与哪个因素无关（　　）？

A. 极性差异　　　B. 沸点差异　　　C. 热力学性质差异　　　D. 动力学性质差异

7. 下列因素中，对色谱分离效率最有影响的是（　　）。

A. 柱温　　　B. 载气的种类　　　C. 柱压　　　D. 固定液膜厚度

8. 当载气线速越小，范氏方程中，分子扩散项 B 越大，所以应选下列气体中哪一种作载气最有利（　　）？

A. H_2　　　B. He　　　C. Ar　　　D. N_2

9. 气相色谱仪分离效率的好坏主要取决于何种部件（　　）？

A. 进样系统　　　B. 分离柱　　　C. 热导池　　　D. 检测系统

10. 气液色谱法中，氢火焰离子化检测器（　　）优于热导检测器。

A. 装置简单化　　　B. 灵敏度　　　C. 适用范围　　　D. 分离效果

11. 氢火焰离子化检测器的检测依据是（　　）。

A. 不同溶液折射率不同　　　B. 被测组分对紫外线的选择性吸收

C. 有机分子在氢氧焰中发生电离　　　D. 不同气体热导率不同

12. 影响氢火焰离子化检测器灵敏度的主要因素是（　　）。

A. 检测器温度　　　B. 载气流速　　　C. 三种气的配比　　　D. 极化电压

13. 氢火焰离子化检测器中，使用（　　）作载气将得到较好的灵敏度。

A. H_2　　　B. N_2　　　C. He　　　D. Ar

 ## 知识窗

苏丹红

"苏丹红"是一种化学染色剂，并非食品添加剂。具有致癌性，对人体的肝肾器官具有明显的毒性作用。苏丹红属于化工染色剂，主要是用于石油、机油和其他一些工业溶剂中，目的是使其增色，也用于鞋、地板等的增光，又名"苏丹"

由于苏丹红是一种人工合成的工业染料，1995 年欧盟（EU）等国家已禁止其作为色素在食品中进行添加，对此我国也明文禁止。

"苏丹红"到底有何危害？

2004 年 6 月 14 日，英国食品标准管理局就此前在超市一批新食品中发现含有潜在致癌物的苏丹红 1 号色素，向消费者和贸易机构发出了警示，禁用产品目录中的苏丹红一号。

英国癌症研究所的一位人员说，与诸如抽烟这样的常见致癌因素相比，"苏丹红一号"引发的癌症风险是很小的。她说："人们即使已经吃过列在清单上的食物，也大可不必因此而恐慌。"但按照欧盟的规定要求，进入任何欧盟国家的所有干的、碎的或研磨的辣椒，不能含有"苏丹红一号"。不能出示证明的相关货物将被扣留，以供采样和分析。口岸和地方政府也要随机提取样品进行检验。一旦发现食品中含有"苏丹红一号"，必须全部销毁。

苏丹红具有致突变性和致癌性，苏丹红（一号）在人类肝细胞研究中显现可能致癌的特性。但目前只是在老鼠实验中发现有致癌性，对人体的致癌性还没有明确。苏丹红是一种化工染色剂，在食品中添加的数量微乎其微，就剂量而言，未必足以致癌。市民不必过于恐慌。少量食用不可能致癌，即使食用半年，每次少量食用，引起癌症也没有明确的科学依据。

专家认为，"苏丹一号"虽然会增加食用者患癌症的风险，但目前无法确定一个安全度。

任务来源

仿真实验中已经掌握了气相色谱法的优化方法，现在进行实机操作验证结论。

实训思路

开机调试 ➡ 定性分析 ➡ 操作条件优化 ➡ 实训结论

仪器准备

SP-6800 气相色谱仪（色谱 3000 工作站）；色谱柱 SE-30（2m×4mm）；1μL 微量注射器 1 支；5μL 微量注射器 1 支。

试剂准备

氢气；叔丁醇；仲丁醇（标准样品均为 GC 级）；丁醇试样（上述两醇的混合物）。

实训步骤

一、色谱仪的开机和调试

1. 打开载气，确保载气流经色谱柱、检测器后打开仪器电源。

2. 仪器各温度参数的设置训练，并执行加热。

设置柱箱温度 90℃；

设置检测器温度 120℃；

设置汽化室温度 140℃。

3. 进样操作训练

① 进样操作步骤：用丙酮、乙醇等溶剂清洗微量注射器 15 次以上。

② 用待测溶液清洗微量注射器 15 次以上。

③ 用 1μL 微量注射器在气相色谱仪（GC102）上练习进样操作，清洗溶剂是乙醇，样品是丙酮，进样量 0.5μL。

4. 色谱工作站的操作训练

打开色谱 3000 工作站，设置分析方法。

二、未知试样的定性分析

1. 仪器稳定后，分别注入 0.2μL 正丁醇、仲丁醇、叔丁醇标准样品，记录保留时间。

2. 注入 1μL 未知样品，记录保留时间和半峰宽。

3. 确定未知样品中各个峰所代表的物质。

三、柱温的选择

柱温分别在 90℃、110℃、120℃、130℃时，重复测定未知样品。

四、流速的选择

流速调整为 10mL·min^{-1}、20mL·min^{-1}、60mL·min^{-1}、80mL·min^{-1}、100mL·min^{-1}，重复测量未知样品，柱温恒定在 100℃。

五、结束工作

1. 实验结束后，关闭氢气气源、空气压缩机，关闭加热系统。待柱温降至室温后关闭总电源和载气，关闭色谱数据处理机。

2. 清理仪器台面，填写仪器使用记录。

注意事项

（1）进样时要求操作稳当、连贯、迅速。进针位置及速度、针尖停留和拔出速度都会影响进样的重现性。

（2）改变柱温和流速后，待仪器稳定后再进样。

（3）控制柱温的升温速率，切忌过快，以保持色谱柱的稳定性。

结果与讨论

（1）在色谱工作站按文件设置路径找各未知样品图谱后，记录各柱温下叔丁醇与仲丁醇的分离度。

（2）确定分离叔丁醇与仲丁醇的最佳载气流速和最佳柱温。

（3）你能操作使用 SP-6800 型号的气相色谱仪吗？请编写该仪器的操作规程。

项目四
气相色谱法定性及定量分析

技能目标

　　进一步熟悉 FID 检测器的使用；掌握气相色谱法分析条件的优化；掌握气相色谱法常用的定性定量分析方法；掌握 GC 工作软件的使用。

知识目标

　　学习定性分析的原理；理解校正因子的概念及测量方法；掌握定量分析的基本公式。

实训任务

　　丁醇异构体含量的测定；乙醇中少量甲醇的测定。

> 气相色谱法如何定性分析？　定量分析有哪些方法？

一、定性分析

　　采用气相色谱法进行定性分析，就是利用合理的方法确定色谱图中每个色谱峰各表示何种组分。在一定的色谱条件下，每一种物质都有各自确定的保留值，并且不受其他组分的影响。因此，通过比较标准物和未知物的保留值即可确定未知物是何种物质。但是不同的物质在同一色谱条件下，也可能具有相似或相同的保留值，即保留值并非专属。一般来说，若同一色谱条件下测得某未知组分的保留值与某种已知物质或文献中某种标准物质的保留数据相同，则可以看做是同种物质，实现定性分析的目的，但复杂样品的分析有时并不能简单地用一个保留值定性，而是需要采用多种方法进行综合分析。

　　气相色谱法除以上定性分析方法外，还有利用与化学反应相结合定性，与红外光谱法、质谱法、核磁共振波谱法等结合的定性分析，已成为先进有力的定性分析手段。

二、定量分析

在气相色谱分析中，在一定的色谱操作条件下，检测器所产生的响应信号，即色谱图上的峰面积 A_i 或峰高 h_i 与进入检测器的质量（或浓度）成正比，这是色谱定量分析的基础。

即 $$A_i \propto m_i , \text{或} \ h_i \propto m_i$$

这种正比关系通过比例常数使之成为等式，

$$m_i = f_i A_i \tag{3-5}$$

或 $$m_i = f_i h_i \tag{3-6}$$

式中，f_i 定义为定量校正因子，它分为绝对校正因子和相对校正因子。

（一）峰面积的测量

色谱峰的峰高（h）是其峰顶与基线之间的距离，测量比较简单。峰面积（A）的大小不易受操作条件如柱温、流动相的流速、进样速度等的影响，因此更适合作为定量分析的参数。峰面积的测量方法如下。

1. 峰高（h）乘半峰宽（$W_{1/2}$）法

当峰形对称时可采用此法，理论上已经证明，峰面积等于峰高与半峰宽乘积的 1.065 倍，即

$$A = 1.065 h W_{1/2} \tag{3-7}$$

2. 峰高乘平均峰宽法

对于峰形不对称的前伸峰或拖尾峰可采用此法，可在峰高 0.15 和 0.85 处分别测定峰宽，由用(3-8)计算峰面积：

$$A = 1/2(W_{0.15} + W_{0.85})h \tag{3-8}$$

3. 自动积分和微机处理法

采用色谱数据处理机或色谱工作站可自动测量出峰面积和保留值数据并打印出来，此法精密度好，节省人力，实际工作中一般采用此法。

（二）定量校正因子

色谱定量分析的依据是被测组分的量与其峰面积成正比。当两个质量相同的不同组分在相同条件下使用同一检测器进行测定时，所得的峰面积却不相同。因此不同物质有不同的定量校正因子。

1. 绝对校正因子（f_i）

绝对校正因子是指单位面积或单位峰高对应的组分的量，即：

$$f_i = \frac{m_i}{A_i} \tag{3-9}$$

或 $$f_{i(h)} = \frac{m_i}{h_i} \tag{3-10}$$

要得到绝对校正因子 f_i 的值，一方面要准确知道进入检测器的组分的量 m_i，另一方面还要准确测量峰面积或峰高，需要严格控制操作条件，在实际操作中有困难。因此实际测量中通常不采用绝对校正因子，而采用相对校正因子。

2. 相对校正因子（f_i'）

相对校正因子是指组分 i 与另一标准物 s 的绝对校正因子之比，即：

$$f'_i = \frac{f_i}{f_s} = \frac{m_i/A_i}{m_s/A_s} = \frac{m_i A_s}{m_s A_i} \qquad (3\text{-}11)$$

通常将相对校正因子简称为校正因子。它是一个无量纲量，与所用的计量单位有关。

（1）相对质量校正因子　当组分的量以 m_i、m_s 表示时，校正因子以 f'_m 表示，称为相对质量校正因子，这是最常用的校正因子。

（2）相对摩尔校正因子　当组分的量以物质的量 n 表示时，所得相对校正因子称为相对摩尔校正因子，用 f'_M 表示。

（3）相对体积校正因子　对于气体样品，以体积计量时，对应的相对校正因子称为相对体积校正因子，以 f'_V 表示。

当温度和压力一定时，相对体积校正因子等于相对摩尔校正因子，即

$$f'_M = f'_V \qquad (3\text{-}12)$$

相对校正因子值只与被测物和标准物以及检测器的类型有关，而与操作条件无关。因此，f'_i 值可自文献中查出引用，如本书附录Ⅰ所示。若文献中查不到所需的 f'_i 值，也可以自己测定。常用的标准物质，对热导检测器（TCD）是苯，对氢火焰离子化检测器（FID）是正庚烷。

测定相对校正因子最好是用色谱纯试剂。若无纯品，也要确知该物质的百分含量。测定时首先准确称量标准物质和待测物，然后将它们混合均匀进样，分别测出其峰面积，再进行计算。

（三）定量分析方法

1. 归一化法

归一化法是试样中所有组分全部流出色谱柱，并在检测器上产生信号时使用。以样品中被测组分经校正过的峰面积（或峰高）占样品中各组分经过校正的峰面积（或峰高）的总和的比例来表示样品中各组分含量的定量方法，各组分所占比例之和等于 1（100％）。

假设试样中有 n 个组分，每个组分的质量分别为 m_1、m_2、…、m_n，在一定条件下测得各组分的峰面积分别为 A_1、A_2、…、A_i、…、A_n，则组分 i 的质量分数 w_i 可按下式计算：

$$w_i = \frac{m_i}{m_1 + m_2 + \cdots + m_n} \times 100\% = \frac{f_i A_i}{f_1 A_1 + f_2 A_2 + \cdots + f_n A_n} \times 100\% \qquad (3\text{-}13)$$

如果 f_i 为质量校正因子，得质量分数；为摩尔校正因子，则得摩尔分数，为体积校正因子，则得体积分数（气体）。

若各组分的 f_i 值相近或相同，例如同系物中沸点接近的各组分，则式(3-13)可简化为：

$$w_i = \frac{A_i}{A_1 + A_2 + \cdots + A_i + \cdots + A_n} \times 100\% \qquad (3\text{-}14)$$

$$w_i = \frac{A_i}{\sum\limits_{i=1}^{n} A_i} \times 100\%$$

对于狭窄的色谱峰，也有用峰高代替峰面积来进行定量测定的。当各种条件保持不变时，在一定的进样量范围内，峰的半宽度是不变的，因为峰高就直接代表某一组分的量。

$$w_i = \frac{h_i f'_{i(h)}}{h_1 f'_{1(h)} + h_2 f'_{2(h)} + \cdots + h_i f'_{i(h)} + \cdots + h_n f'_{n(h)}} \times 100\% \qquad (3\text{-}15)$$

式中，$f'_{i(h)}$ 为峰高校正因子，此值常自行测定，测定方法同峰面积校正因子，不同的是用峰高代替峰面积。如果试样中有不挥发性组分或易分解组分时，采用该方法将产生较大误差。

归一化法的优缺点：归一化法简便、准确，不要求准确进样，操作条件的变化（如流速、柱温）对定量的结果影响不大，适于多组分样品的全分析，不适于痕量分析。

但是试样中所有组分必须全部流出色谱柱，并在色谱图上出现色谱峰。另外校正因子的测定比较麻烦。

2. 内标法

若试样中所有组分不能全部出峰，或只要求测定试样中某个或某几个组分的含量时，可采用内标法。内标法是选择一种物质作为内标物，与试样混合后进行分析。这样内标物与试样组分的分析条件完全相同，两者峰面积的相对比值固定，可采用相对比较法进行计算。

内标法的关键是选择一种与试样组分性质接近的物质作为内标物，其应满足试样中不含有该物质，与试样组分性质比较接近，不与试样发生化学反应，出峰位置应位于试样组分附近，且无组分峰影响。

选定内标物后，需要重新配制试样：准确称取一定量的原试样（W），再准确加入一定量的内标物（m_s），则试样中内标物与待测物的质量比为

$$m_i = f_i A_i \quad m_s = f_s A_s$$

$$\frac{m_i}{m_s} = \frac{f_i A_i}{f_s A_s} = f'_i \frac{A_i}{A_s}$$

$$m_i = f'_i \frac{A_i}{A_s} m_s \tag{3-16}$$

设样品的质量为 $m_{试样}$，则待测组分 i 的质量分数为

$$w_i = \frac{m_i}{m_{试样}} \times 100\% = \frac{m_s \dfrac{f'_i A_i}{f'_s A_s}}{m_{试样}} \times 100\% = \frac{m_s A_i f'_i}{m_{试样} A_s f'_s} \times 100\% \tag{3-17}$$

式中　f'_i、f_s——组分 i 和内标物 s 的质量校正因子；

　　　A_i、A_s——组分 i 和内标物 s 的峰面积。也可用峰高代替峰面积，则

$$w_i = \frac{m_s h_i f'_{i(h)}}{m_{试样} h_s f'_{s(h)}} \times 100\% \tag{3-18}$$

式中，$f'_{i(h)}$、$f'_{s(h)}$ 分别为组分 i 和内标物 s 的峰高校正因子，也可改写为式（3-19）和式（3-20）。

$$w_i = f'_i \frac{m_s A_i}{m_{试样} A_s} \times 100\% \tag{3-19}$$

$$w_i = f'_{i(h)} \frac{m_s h_i}{m_{试样} h_s} \times 100\% \tag{3-20}$$

内标法的准确性较高，操作条件和进样量的稍许变动对定量结果的影响不大，但对于每个试样的分析，都要先进行两次称量，不适合大批量试样的快速分析。若将试样的取样量和内标物的加入量固定，则

$$w_i = \frac{A_i}{A_s} \times 常数 \times 100\% \tag{3-21}$$

由式（3-21）可以配制一系列试样的标准溶液进行分析，绘制标准曲线，即内标法标准曲线。

内标法的关键是选择合适的内标物，对于内标物的要求如下：

① 内标物应是试样中不存在的纯物质；

② 内标物的性质应与待测组分性质相近，以使内标物的色谱峰与待测组分色谱峰靠近

但完全分离；

③ 内标物与样品应完全互溶，但不能发生化学反应；

④ 内标物加入量应接近待测组分含量，从而使二者色谱峰大小相近。

内标法的优点：准确度高，进样量的变化，色谱操作条件的微小变化对内标测定的结果影响不大。

缺点：选择合适的内标物比较困难，内标物的称量要准确，操作麻烦。

3. 外标法

对于分析组成简单的大量样品时常采用外标法，即标准曲线法。外标法不是把标准物质加入被测样品中，而是在与被测样品相同的色谱条件下单独测定，把得到的色谱峰面积（或峰高）绘制成峰面积（或峰高）-质量分数标准曲线，并从曲线上查出被测组分的含量，或用回归方程计算。有时甚至用单点校正法，即与单个标准物质对比的方法。

标准曲线法的优点是绘制好标准工作曲线后，可直接从标准曲线上读出含量，因此适合大量样品的测定。

外标法不使用校正因子，准确性较高，不论样品中其他组分是否出峰，均可对待测组分定量。但要求进样量非常准确，操作条件也要严格控制。需要实际样品组成与标准物质组成接近，因此一般用于简单样品的分析。

 习题

1. 气相色谱的定性参数有（　　　）。

A. 保留值　　　　　B. 相对保留值　　　　C. 保留指数　　　　D. 峰高或峰面积

2. 气相色谱的定量参数有（　　　）。

A. 保留值　　　　　B. 相对保留值　　　　C. 保留指数　　　　D. 峰高或峰面积

3. 如果样品比较复杂，相邻两峰间距离太近或者操作条件不易控制稳定，要准确测量保留值有一定困难，可采用（　　　）。

A. 相对保留值进行定性

B. 文献保留值数据进行定性

C. 加入已知物，以增高峰高的办法进行定性

D. 利用选择性检测器进行定性

4. 气相色谱定量分析时，当样品中各组分不能全部出峰或在多种组分中只需定量其中某几个组分时，可选用（　　　）。

A. 归一化法　　　　B. 标准曲线法　　　　C. 比较法　　　　D. 内标法

5. 气相色谱用内标法测定 A 组分时，取未知样 $1.0\mu L$ 进样，得组分 A 的峰面积为 $3.0cm^2$，组分 B 的峰面积为 $1.0cm^2$，取未知样 $2.0000g$，标准样纯组分 A $0.2000g$，仍取 $1.0\mu L$ 进样，得组分 A 的峰面积为 $3.2cm^2$，组分 B 的峰面积为 $0.8cm^2$，则未知样中组分 A 的质量百分含量为（　　　）。

A. 10%　　　　　　B. 20%　　　　　　C. 30%　　　　　　D. 40%

6. 色谱分析中，归一化法的优点是（　　　）。

A. 不需准确进样　　　B. 不需校正因子　　　C. 不需定性　　　D. 不用标样

知识窗

食品中罗丹明 B

罗丹明 B 又称玫瑰红 B、蕊香红 B、玫瑰精 B 和若丹明 B，是一种具有鲜桃红色的人工合成的碱性荧光染料，主要用于造纸工业、打字纸、有光纸等；与磷钨钼酸作用生成色淀，用于制造涂料、图画等颜料、也可用于腈纶、麻、蚕丝等织物以及麦秆、皮革制品的染色。如将其作为染料用于食用农产品中，易导致人体皮下组织增生肉瘤，具有致癌和致突变性。我国于 2008 年明确规定不允许将罗丹明 B 用作食品添加剂及食品染色。

食品中肉毒杆菌

"肉毒杆菌"，爱美人士都知道，这是一种常见的美容手段。但之于食品，肉毒杆菌却是不折不扣的污染源。新西兰乳制品巨头恒天然集团宣布，旗下部分婴儿奶粉和运动饮料等产品可能"受到污染"，含有肉毒杆菌。据专家介绍，由于肠道里面的菌群早已站稳了脚跟，少量肉毒杆菌是斗不过这些"地头蛇"的，因此肉毒杆菌对成人的危险性相对较小。但婴儿尤其是 1 岁以下的小宝宝，正常菌群还处于建设阶段，这个时候肉毒杆菌来捣乱的话，有可能对宝宝造成较大影响。

肉毒杆菌，全名肉毒梭状杆菌（也叫肉毒梭菌），是一种生长在缺氧环境下的细菌，是目前毒性最强的毒素之一，在罐头食品及密封腌渍食物中具有极强的生存能力。肉毒杆菌是一种致命病菌，在繁殖过程中分泌毒素，是毒性最强的蛋白质之一。它们可以随空气中飘浮的灰尘飘散到四面八方。

肉毒杆菌家族一共兄弟 7 个，本身没有毒性，但其中有 4 个能在厌氧环境下（比如肠道、密闭发酵食品）产生肉毒毒素。食入和吸收这种毒素后，神经系统将遭到破坏，出现头晕、呼吸困难和肌肉乏力等症状。

实训任务 1 丁醇异构体含量的测定——面积归一化法

任务来源

学习气相色谱操作软件的使用，学习气相色谱法定性分析和归一化法定量分析。

实训思路

开机 ➡ 试剂准备 ➡ 定性分析 ➡ 定量分析 ➡ 结果分析

仪器准备

SP-6800 气相色谱仪（色谱 3000 工作站）；色谱柱 DNP、微量注射器（1μL）；N_2 钢瓶；H_2 发生器；空气压缩机。

异丁醇；仲丁醇；叔丁醇；正丁醇；丁醇异构体混合样。

实训步骤

一、色谱仪的开机和调试

1. 打开载气（N_2）钢瓶总阀，调节输出压力为 0.4MPa。

2. 打开本小组色谱仪载气开关，调节载气合适柱前压，如 0.1MPa，控制载气流量为约 30mL·min^{-1}。

3. 打开气相色谱仪电源开关。

4. 设置柱温为 95℃、汽化温度为 140℃和检测温度为 120℃。

5. 待柱温、汽化温度和检测温度达到设定值并稳定后，打开空气压缩机与氢气发生器，调节本组仪器空气开关，调节柱前压力为 0.1MPa；氢气柱前压力 0.15MPa。

6. 用点火枪点燃氢火焰。

7. 点着氢火焰后，缓缓将氢气压力降至 0.05MPa，控制其流量为约 30mL·min^{-1}。

8. 让气相色谱仪走基线，待基线稳定。

二、试剂的准备

1. 测试标样的准备：取一个干燥洁净的称量瓶，分别加入 100μL 叔丁醇、仲丁醇、异丁醇与正丁醇（GC 级），称其准确质量，记为 m_{s1}、m_{s2}、m_{s3}、m_{s4}。摇匀备用，此为每位同学所配制丁醇测试标样。

2. 另取一个干燥、洁净的称量瓶，加入约 3mL 丁醇试样（教师课前准备），备用。

3. 取两支 1μL 微量注射器，以溶剂（如无水乙醇）清洗完毕后，备用。

三、试样的定性定量分析

1. 打开色谱工作站，观察基线是否稳定，并设置分析方法。

2. 待基线平直后，用 1μL 清洗过的微量注射器，准确吸取标样 0.8μL 按规范进样，启动色谱工作站，完毕后停止采集数据，记录色谱图保存路径，以便分析结果的查找。

3. 按相同方法再测定 2 次标样与 3 次丁醇试样，记录色谱图。

4. 在相同色谱条件下分别以叔丁醇、仲丁醇、异丁醇（GC）标样进样分析，以各标样的保留时间确定混合样中各色谱代表的组分名称。

四、结束工作

实验完成后，清洗进样器，按 SP-6800 的关机规程关机，并清理仪器台面，填写仪器使用记录。

注意事项

（1）本实验使用危险的 H_2 作燃气，在操作时一定要注意通风、各组同学应时刻关注本组仪器的氢气是否处于点燃状态。

（2）在定性操作时，要注意进样时间和色谱工作站采集数据时间的一致。

结果与讨论

（1）在色谱工作站按文件设置路径找各未知样品图谱，按色谱 3000 工作站校正归一法处理图谱，得出各组分含量。

（2）什么情况下可以采用峰高归一化法？如何计算？

（3）归一化法对进样量的准确性有无严格要求？

（4）本实验用 DNP 柱分离伯、仲、叔、异丁醇时，出峰顺序如何？

（5）简述色谱 3000 工作站的使用步骤。

实训任务 2　　乙醇中少量甲醇的测定——外标法

任务来源

学习气相色谱操作软件的使用，学习外标法定量分析方法。

实训思路

开机 ➡ 溶液配制 ➡ 定性分析 ➡ 定量分析 ➡ 结果分析

仪器准备

SP-6800 型气相色谱仪；色谱柱（GDX102）；N_2 钢瓶；（SGH-500）H_2 发生器；（SGK-5LB）空气压缩机；10mL 容量瓶 7 个；$1\mu L$ 微量注射器 2 支。

试剂准备

甲醇（GC 级）；60％乙醇水溶液（不含甲醇）。

实训步骤

一、色谱操作条件

使用氢火焰离子化检测器，汽化室、检测器温度均为 190℃，柱温 170℃，氢气流速 40mL·min^{-1}，空气流速 450mL·min^{-1}，载气（N_2）流速 40mL·min^{-1}。

二、甲醇标准系列溶液的配制

以 60％乙醇水溶液为溶剂，配制浓度分别为 0.1g·$100mL^{-1}$、0.3g·$100mL^{-1}$、0.5g·$100mL^{-1}$、0.7g·$100mL^{-1}$ 的甲醇标准系列溶液。

三、绘制标准曲线

1. 用微量注射器分别吸取 0.5μL 各甲醇标准系列溶液注入色谱仪，色谱软件会自动绘制标准曲线。

2. 用微量注射器分别吸取 0.5μL 样品溶液注入色谱仪。分析结束后，打印出色谱图和分析结果。

四、实验记录

将甲醇标准系列溶液及试样溶液中色谱峰面积填入实训报告。

五、结束工作

实验结束后清洗进样器，关闭色谱仪和气源，清理试验台，填写记录本。

注意事项

（1）进样量要准确，进样速度要快，针尖在汽化室内停留时间要短并且要一致，否则工作曲线线形较差。

（2）取样以及整个分析过程中要尽量保证试样瓶的密封性，防止样品吸潮或挥发。

结果与讨论

（1）以色谱峰高为纵坐标，甲醇系列标准溶液的浓度为横坐标，绘制标准工作曲线。根据试样溶液色谱图中甲醇的峰高，查出试样溶液中甲醇的含量（$g \cdot 100mL^{-1}$）。

（2）简述如何使用色谱 3000 工作站绘制工作曲线。

项目五 *
程序升温毛细管色谱法

技能目标

掌握程序升温的操作方法；掌握白酒等复杂样品的分析过程。

知识目标

理解程序升温法应用的原理，掌握程序升温法操作及内标法的应用。进一步理解气相色谱法操作条件的选择。

实训任务

程序升温法分析白酒中微量成分的含量。

? 白酒中含有多种微量组分，这些微量组分的存在对白酒的品质影响很大，怎样分析复杂的白酒样品？

一、程序升温法

气相色谱分析中，色谱柱的温度控制方式可分为恒温和程序升温两种。所谓程序升温就是指在一个样品的分析周期里，色谱柱的温度按事先设定的升温程序，随着分析时间的增加从低温升到高温。起始温度、终点温度、升温速率等参数可调。

程序升温色谱法，是指色谱柱的温度按照组分沸程设置一定的程序，柱温连续地随时间线性或非线性地逐渐升高。设定的柱温与组分的沸点相互对应，以使低沸点组分和高沸点组分在色谱柱中都有适宜的保留值，各色谱峰分布均匀且峰形对称。各组分的保留值可用色谱峰最高处的相应温度即保留温度（t_R）表示。

在程序升温中，组分极大点浓度流出色谱柱时的柱温叫保留温度，其重要性相当于恒温中的 t_R。对每一个组分在一定的固定液体系中，t_R 是一个特征数据，即定性数据，不受加热速度、载气流速、柱长和起始温度影响。

程序升温具有改进分离、使峰形变窄、检测限下降及省时等优点。因此，对于沸点范围很宽的混合物，往往采用程序升温法进行分析。

程序升温法的优点：采用较低的初始温度，低沸点组分早流出的峰能够得到良好分离，而高沸点组分则被逐渐升高的柱温推出色谱柱，其色谱峰与早流出的一样尖锐，并且总的分析时间缩短了，色谱峰灵敏度也随温度升高而提高（见图3-32）。

程序升温法的不足之处在于基线的漂移不可避免，用双柱双检测器补偿流失的方法，可以维持一定的稳定基线。此外，就是一针样品运行完毕，还需要进行降温等待。

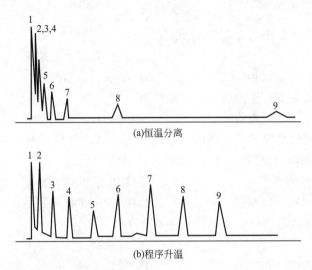

图 3-32 恒温分离与程序升温分离对比

1—甲醇；2—乙醇；3—1-丙醇；4—1-丁醇；5—1-戊醇；
6—环己醇；7—1-辛醇；8—1-庚醇；9—十二烷醇

二、气相色谱法的应用

气相色谱应用行业较广，涵盖石油、化工、冶金、环保、食品、药品等领域。

（1）在食品领域　国标方法用填充柱分析白酒中15种常见组分，用毛细管柱分析白酒中30余种常见组分，毛细管柱分析酒精中的杂醇。啤酒中风味成分的测定，主要测定酯类和醇类。

（2）在食品与香料领域　分析食品中的天然香精、香料（如图3-33所示）。人工香精、香料及饮料中的醇类。

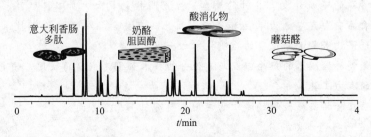

图 3-33 气相色谱法在食品领域的应用

（3）在生命科学领域　气相色谱法在医学领域常用来分析体液和组织中的药品、血醇水平和药品纯度。

（4）在石化领域　气相色谱法在石化领域常用来给燃料油定级、分析汽车尾气。

（5）在环境领域　气相色谱法在环境领域常用来分析水和土壤中的农残，饮用水中的溶解物（MTBE），以及水和土壤中的工业污染物。

 习题

1. FID 点火前需要加热至 100℃的原因是（　　）。

A. 易于点火 　　　　　　　　　　　B. 点火后不容易熄灭

C. 防止水分凝结产生噪声 　　　　　D. 容易产生信号

2. 气相色谱仪的毛细管柱内（　　）填充物。

A. 有 　　　　　　B. 没有 　　　　　　C. 有的有，有的没有

3. 打开气相色谱仪温控开关，柱温调节电位器旋到任何位置时，主机上加热指示灯都不亮，分析下列所叙述的原因哪一个不正确（　　）。

A. 加热指示灯灯泡坏了 　　　　　　B. 铂电阻的铂丝断了

C. 铂电阻的信号输入线断了 　　　　D. 实验室工作电压达不到要求

4. 选择程序升温方法进行分离的样品主要是（　　）。

A. 同分异构体 　　　　　　　　　　B. 同系物

C. 沸点差异大的混合物 　　　　　　D. 极性差异大的混合物

5. 程序升温色谱图中的色谱峰与恒温色谱比较，正确的说法是（　　）。

A. 程序升温色谱图中的色谱图峰数大于恒温色谱图中的色谱峰数

B. 程序升温色谱图中的色谱图峰数与恒温色谱图中的色谱峰数相同

C. 改变升温程序，各色谱峰的保留时间改变但峰数不变

D. 使样品中的各组分在适宜的柱温下分离，有利于改善分离

6. 程序升温的起始温度如何设置？升温速率如何设置？

 知识窗

气相色谱在食品安全检测中的应用

食品是人类赖以生存的必需品，自古就有"民以食为天"之说。近年来食品安全事件频发。随着食品资源的不断开发、品种的增加、生产规模的扩大，加工、贮藏、运输等环节的增多，使保障食品安全变得更为艰巨和复杂。因此，有关食品安全的检测技术及应用显得尤为重要，气相色谱技术是十分重要的检测技术之一。

气相色谱新型的检测器的产生以及与其他分析技术如 IR、MS 的联用，使 GC 法成为食品质量安全检测的有力工具。

气相色谱法在食品安全检测领域中的应用主要有以下几个方面。

1. 食品中农药兽药残留的分析

在蔬菜和水果中有机氯、有机磷农药残留和鱼肉类产品中的兽药残留已被社会广泛关注。

目前，利用 GC/ECD 气相色谱检测有机氯农药残留，利用 GC/NPD 气相色谱检测有机磷和有机氮农药残留，GC/FPD 气相色谱检测有机磷和有机硫农药残留等分析技术已经很成熟。

2. 多环芳烃、添加剂及丙烯酰胺含量检测分析

多环芳烃（PAHs）是一类重要的环境和食品污染物，其中很多种具有致突变性和致癌性。食品中的 PAHs 污染多存在于烟熏及烧烤类食品中，采用 GC/MS 技术可迅速检测与分析常见的 20 多种 PAHs；利用 GC/FID 气相色谱检测食品中山梨酸、苯甲酸等食品防腐添加剂含量；使用 GC/ECD 气相色谱检测油炸食品中的丙烯酰胺含量，使用 GC/FID 气相色谱测定面粉中过氧化苯甲酰的含量。

3. 发酵饮料产品中风味组分的分析

白酒是我国的传统饮料酒，工艺精良，风味独特，而其香味组成极其复杂。甲醇是白酒中的主要有害成分，为了精确测定白酒中酒精含量，检验是否掺假，气相色谱法已成为白酒行业必不可少的检测方法。采用 GC/FID 气相色谱能检测白酒中甲醇及杂醇油的含量。

4. 食品包装袋有害物质的检测

食品包装袋中添加了大量增塑剂，其中使用量最大、最普遍的是邻苯二甲酸酯（PAEs）。邻苯二甲酸酯在接触到食品中的油脂时，特别是在加热的条件下便会溶解出来，对动物和人体均有慢性毒性，具有致突变、致癌作用。利用 GC/FID 气相色谱技术可对塑料食品袋及包装食品中的 5 种酞酸酯，包括邻苯二甲酸二甲酯（DMP）、邻苯二甲酸二乙酯（DEP）、邻苯二甲酸二丁酯（DBP）、邻苯二甲酸二正辛酯（DOP）和邻苯二甲酸二（2-乙基己基）酯（DE-HP）进行准确分离和检测。

5. 食用油的浸油溶剂残留及脂肪酸组成分析

国家标准规定以 6 号溶剂油为标准物配制标准溶液，以顶空气相色谱法（HS-GC）测定食用植物油中的残留溶剂。该方法能实现对 $C_6 \sim C_8$ 烷烃及芳香烃类化合物进行有效分离及检测。采用 GC/FID 法还可以检测食用植物油中的 30 多种脂肪酸，主要是检测分析芥酸的含量，因为芥酸可能对人体的营养状况产生不良影响，具有引起甲状腺肥大等副作用。

实训任务　程序升温法分析白酒中微量成分的含量

任务来源

白酒的主要成分是乙醇和水及1%左右的微量组分，如何使用程序升温法测量白酒中的微量成分？

◈ **实训思路** ◈

开机 ➡ 标样和试样的配制 ➡ 标样分析 ➡ 白酒分析

（1）SP-6800 型气相色谱仪（山东鲁南）；真空一体机；SE-30 毛细管柱（60m×0.25mm×0.33pm），微量注射器（10μL）。

（2）氢气；压缩空气；氮气。

试剂准备

无水乙醇；正丙醇；正丁醇；异丁醇；仲丁醇；异戊醇；丁酸乙酯；糠醛；乙酸异戊酯（内标）（均为 GC 级）；市售白酒一瓶。

实训步骤

一、标样和试样的配制

1. 标样（1％～2％）的配制

分别吸取无水乙醇、正丙醇、正丁醇、异丁醇、仲丁醇、异戊醇、丁酸乙酯、糠醛、乙酸异戊酯 2.00mL，用 60％乙醇（无甲醇）溶液定容至 100mL（可以酌情减少标准物数量）。

2. 内标（2％）的配制

吸取乙酸异戊酯（内标）2mL，用上述乙醇定容至 100mL。

3. 混合标样（带内标）的配制

分别吸取以上标样 0.80mL 与内标样 0.40mL，混合后用上述 60％乙醇溶液配成 25mL 混合标样。

4. 白酒试样的配制

取白酒试样 10mL，加入 2％内标 0.40mL，混合均匀。

二、气相色谱仪的开机

1. 通载气（N_2），调节流速为 30mL·min^{-1}；调分流比为 1∶100。

2. 打开色谱仪总电源。

3. 设置柱温升温程序：初始温度为 50℃→50℃（6min）→ 6℃·min^{-1}→200℃（10min）；恒温在 200℃。

4. 汽化室温度为 250℃，检测器温度为 120℃。

5. 通氢气和空气，流量分别为 50mL·min^{-1}和 500mL·min^{-1}。

6. 点火，检查氢火焰是否点燃。

7. 打开色谱工作站，输入测量参数，走基线。

三、标样的分析

待基线平直后，依次用微量注射器吸取无水乙醇、正丙醇、正丁醇、异丁醇、仲丁醇、异戊醇、丁酸乙酯、糠醛、乙酸异戊酯标样溶液 0.2μL，进样分析，记录下样品名对应的文件名，打印出色谱图和分析结果。

四、白酒试样的分析

1. 用微量注射器吸取混合标样 0.2μL，进样分析，色谱图如图 3-34 所示。记录下样品名对应的文件名，打印出色谱图和分析结果；重复两次。

2. 用微量注射器吸取白酒试样 0.2μL，进样分析，其色谱图如图 3-35 所示。记录下样品名对应的文件名，打印出色谱图和分析结果，重复两次。

五、结束工作

1. 实验完成以后，在 220℃柱温下老化 2h 后，先关闭氢气，再关闭空气，然后关闭温

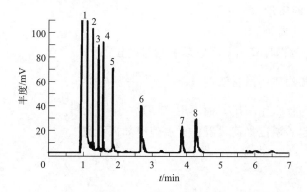

图 3-34　标准溶液的气相色谱图

1—乙醇；2—正丙醇；3—仲丁醇；4—异丁醇；5—正丁醇；
6—异戊醇；7—丁酸乙酯；8—糠醛

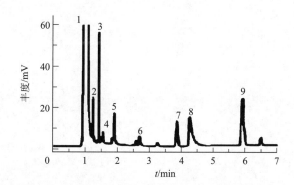

图 3-35　加有内标（乙酸异戊酯）的酒样色谱图

1—乙醇；2—正丙醇；3—仲丁醇；4—异丁醇；5—正丁醇；
6—异戊醇；7—丁酸乙酯；8—糠醛；9—乙酸异戊酯

度控制开关；待温度降至室温后关闭气相色谱仪总电源开关；最后关闭载气。

2. 清理实验台面，填写仪器使用记录。

注意事项

（1）毛细管柱易碎，安装时要特别小心。

（2）不同型号的色谱柱，其色谱操作条件有所不同，应视具体情况作相应调整。

（3）进样量不宜太大。

结果与讨论

① 定性 测定酒样中各组分的保留时间，求出相对保留时间值（r），即各组分与标准物（异戊醇）的保留时间的比值，将酒样中各组分的保留值与标准的相对保留值进行比较定性。也可以在酒样中加入纯组分，使被测组分峰增大的方法来进一步证实和定性。

② 求相对校正因子：相对校正因子 f_i 计算公式

$$f_i = \frac{A_s m_i}{A_i m_s}$$

式中　A_i——组分 i 的峰面积；

　　　A_s——内标 s 的峰面积；

m_i——组分 i 的质量；

m_s——内标 s 的质量。

根据所测的实验数据计算出各个物质的相对校正因子。

③ 计算酒样中各物质的质量浓度 $w_i = \dfrac{A_i}{A_s} \times \dfrac{m_s}{m_i} \times f_i$。

④ 白酒分析时为什么用 FID，而不用 TCD？

⑤ 程序升温的起始温度如何设置？升温速率如何设置？

模块四
高效液相色谱法

　　高效液相色谱是色谱法的一个重要分支，以液体为流动相，采用高压输液系统，将具有不同极性的单一溶剂或不同比例的混合溶剂、缓冲液等流动相泵入装有固定相的色谱柱中，在柱内各成分被分离后，进入检测器进行检测，从而实现对试样的分析。该方法已成为化学、医学、工业、农学、商检和法检等学科领域中重要的分离分析技术。

　　本模块分为两个项目。

 思维导入

技能目标

熟悉液相色谱的操作；掌握流动相的处理方法；熟悉 HPLC 工作软件的使用。

知识目标

熟悉液相色谱的主要类型；掌握高效液相色谱仪的基本构造和工作流程。

实训任务

液相色谱法流动相的处理；高效液相色谱仪的认识与使用。

> 2013 年 5 月 30 日我国台湾卫生部门公布受塑化剂污染含起云剂的产品达 505 项，塑化剂的危害我们都知道，用什么方法来检测塑化剂呢？

一、液相色谱法基本概念

茨维特的叶绿素分离实验中流动相是液体石油醚，这种以液体为流动相的色谱分析方法称为液相色谱法。与气相色谱法相比，液相色谱法对那些沸点高、相对分子质量大、挥发性差、热稳定性差的物质以及生物活性物质分离效果更好。早期的液相色谱法用大直径的玻璃管柱在室温和常压下依靠液位差输送流动相，称为经典液相色谱法。此方法柱效低、时间长（常有几个小时）。继 1967 年第一台具有优良性能的商品高效液相色谱仪生产出来后，随着填料制备技术的发展、化学键合型固定相的出现、柱填充技术的进步以及高压输液泵的研制，液相色谱法表现为更加高速化、高效化，被称为高效液相色谱法（HPLC）。

在已知的有机化合物中，能用气相色谱法分析的约占 20%，而用高效液相色谱法来分析的达到 70%～80%。适用于高效液相色谱的流动相种类比气相色谱的流动相种类多，而且选用不同比例的两种或两种以上的液体作流动相，可以改变不同组分的分离效果，这为控制和改善分离条件提供了一个额外的可变因素。不过，高效液相色谱与气相色谱仍各有特点，应根据不同的分离对象选择。在实际应用中，凡能用气相色谱法分析的样品，一般不用液相色谱法。

液相色谱法与气相色谱法同属于色谱分析法，因此很多理论具有相似性，可以对照学习，但也有不同之处，如表 4-1 所示。

表 4-1　高效液相色谱法与气相色谱法的比较

项目	GC	HPLC
流动相	惰性气体(无亲和作用,只起运载作用)	不同极性液体(有一定亲和作用)
分析对象	气体、沸点较低的化合物	高沸点、不稳定的天然产物、生物大分子、高分子化合物
操作温度	较高	一般室温

二、高效液相色谱仪

高效液相色谱仪（如图 4-1 所示）吸取了气相色谱仪的研制经验，并引入微处理技术极大地提高了仪器的自动化水平和分析精度。

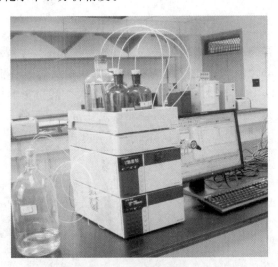

图 4-1　高效液相色谱仪

不同厂家生产的高效液相色谱仪尽管用途和自动化程度不同，但它们的基本结构和工作流程都相似。HPLC 系统一般由输液系统、进样系统、分离系统、检测系统、数据记录及处理系统组成，其中输液泵、色谱柱、检测器是关键部件。有的仪器还有梯度洗脱装置、在线脱气机、自动进样器、保护柱、柱温控制器等。现代 HPLC 仪还有微机控制系统，进行自动化仪器控制和数据处理。

高效液相色谱仪的工作流程为：高压输液泵将贮液器中的流动相以稳定的流速（或压力）输送至分析体系，在色谱柱之前通过进样器将样品导入，流动相将样品依次带入色谱柱。在色谱柱中各组分被分离，并依次随流动相流至检测器，检测器将检测到的信号送至工作站记录、处理和保存，高效液相色谱仪的工作流程如图 4-2 所示。

（一）高压输液系统

高压输液系统一般包括贮液器、高压输液泵、过滤器、梯度洗脱装置等。

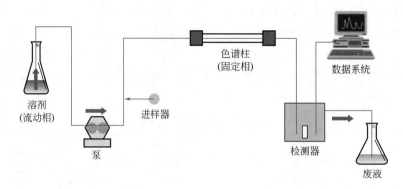

图 4-2　高效液相色谱仪的工作流程

1. 贮液器

贮液器是用来存放溶剂的装置，提供足够数量的符合要求的流动相以完成分析工作，贮液器一般是以不锈钢、玻璃、聚四氟乙烯或特种塑料聚醚醚酮（PEEK）衬里为材料，容积一般以 0.5～2L 为宜，如图 4-3 所示。贮液器应配有耐腐蚀的溶剂过滤器，以防止流动相中的颗粒进入泵内。

所有溶剂在放入贮液器之前必须经过 $0.45\mu m$ 以下的滤膜过滤，除去溶剂中的机械杂质，以防输液管道或进样阀产生阻塞现象，减压过滤系统如图 4-4 所示。

所有溶剂在使用前必须脱气，脱气是为了防止流动相从高压柱流出时，释放出的气泡（溶解在溶剂中的 N_2、O_2 等）进入检测器而使噪声增大，甚至影响检测，这在梯度洗脱时尤其突出。因为色谱柱是带压力操作的，而检测器是在常压下工作。溶剂脱气方式有氦气或氮气脱气、超声波脱气（如图 4-5 所示）、真空脱气和在线脱气机脱气（如图 4-6 所示）等。应用最广泛的是超声波脱气和在线脱气机脱气。

图 4-3　贮液器　　　　　　图 4-4　减压过滤系统　　　　　图 4-5　超声波脱气装置

超声振荡脱气效率一般在 30%，而且脱气是不连续的，一般脱气后过一段时间又会有一部分气体溶入流动相内。在线脱气机脱气是连续的，脱气效率一般在 70% 以上，在微量及低压脱气时，在线脱气机脱气是最佳的脱气方式。

2. 高压输液泵

高压输液泵是高效液相色谱仪的关键部件，其压力一般为几兆帕至几十兆帕。泵的种类很多，按输液性质可分为恒压泵和恒流泵。恒流泵的特点是在一定的操作条件下，输出流量保持恒定，与色谱柱等引起的阻力变化无关。按结构又可分为螺旋注射泵、柱塞往复泵和隔膜往复泵。目前应用最多的是柱塞往复泵（如图 4-7 所示），用于梯度洗脱较为理想。恒压

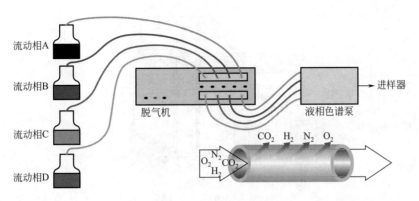

图 4-6　在线脱气机结构

泵受柱阻影响，流量不稳定，使用较少。

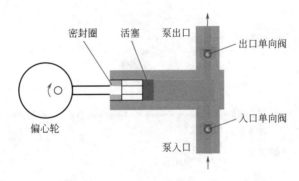

图 4-7　柱塞往复泵结构示意

3. 梯度洗脱

在气相色谱中多采用程序升温技术解决洗脱色谱的一般问题，而在液相色谱中多采用梯度洗脱技术解决这一问题。在分离过程中逐渐改变溶剂的组成，使溶剂的强度从分离开始至结束逐渐增强，可能使复杂样品中保留值相差很大的组分在合适的时间内全部洗脱并达到分离效果较好的峰形。采用梯度洗脱可以缩短分析时间，提高分离度，改善峰形，提高检测灵敏度，但是常常引起基线漂移和降低重现性。梯度洗脱的溶剂系统可以是二元梯度、三元梯度，甚至是四元梯度。

梯度洗脱有两种实现方式：低压梯度（外梯度）和高压梯度（内梯度）。

低压梯度是将两种或两种以上溶剂输入比例阀中，混合后再由高压泵吸入并输出至色谱柱，优点是只需要一个泵，成本低，使用方便。如四元泵通常就是用这种洗脱方式，如图 4-8 所示。

高压梯度一般只用于二元泵，其工作原理如图 4-9 所示。用两个输液泵将两种溶剂输入混合器，进行混合后再进入色谱柱。因溶剂混合是在高压下进行的，故称高压混合系统。

（二）进样系统

进样系统主要是进样器，进样器是将样品溶液准确送入色谱柱的装置，要求密封性好，死体积小，重复性好，进样引起色谱分离系统的压力和流量波动很小。常用的进样器有以下两种。

1. 六通阀进样器

现在的液相色谱仪所采用的手动进样器几乎都是耐高压、重复性好和操作方便的阀进样

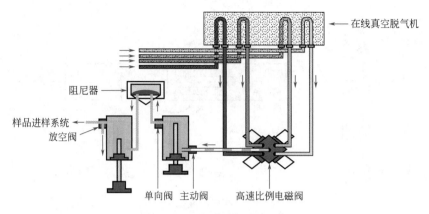

图 4-8　四元泵工作原理示意

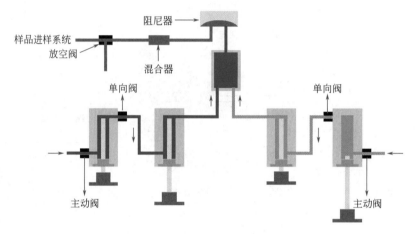

图 4-9　二元泵工作原理示意

器。六通阀进样器是最常用的，进样体积由定量管确定，常规高效液相色谱仪中通常使用的是 $10\mu L$，$20\mu L$ 体积的定量管。六通阀进样器的结构如图 4-10 所示。

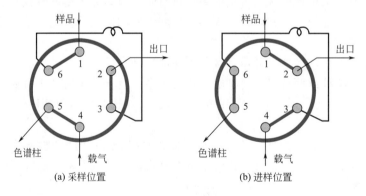

图 4-10　HPLC 六通阀进样装置

操作时先将阀柄置于图 4-10(a) 所示的采样位置（Load）。这时进样口只与定量管接通，处于常压状态。用平头微量注射器（体积应为定量管体积的 4～5 倍）注入样品溶液，样品停留在定量管中，多余的样品溶液从出口处溢出。将进样器阀柄顺时针转动 60°至图 4-10(b) 所示的进样位置（Inject）时，流动相与定量管接通，样品被流动相带到色谱柱中进行分离分析。图 4-11 中所示的是实际使用中手动进样示意。

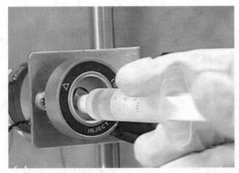

图 4-11　六通阀手动进样

2. 自动进样器

自动进样器是由计算机自动控制定量阀，按预先编制的注射样品操作程序进行工作。取样、进样、复位、样品管路清洗和样品盘的转动，全部按预定程序自动进行，一次可进行几十个或上百个样品的分析。自动进样器的进样量可连续调节，进样重复性高，适合于大量样品的分析，节省人力，可实现自动化操作。目前在国内得到广泛应用。

（三）分离系统

1. 色谱柱

色谱法是一种分离分析手段，担负分离作用的色谱柱是色谱仪的心脏，它的质量直接影响分离效果。色谱柱的一般要求是柱效高、选择性好、分析速度快，其实物图和结构图如图 4-12 和图 4-13 所示。

图 4-12　液相色谱柱实物

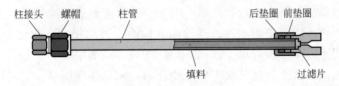

图 4-13　液相色谱柱结构示意

色谱柱的两端分别连接进样器和检测器，色谱柱的管外都以箭头显著地标示了该柱的使用方向（而不像气相色谱那样，色谱柱两头标明接检测器或进样器）。安装和更换色谱柱时一定要使流动相能按箭头所指方向流动。

色谱柱按用途可分为分析型和制备型两类，尺寸规格也不同。常规分析柱（常量柱）内径 2～5mm（常用 4.6mm），柱长 10～30cm；制备柱内径较大，柱长 10～30cm。

2. 保护柱

所谓保护柱也叫预柱，如图 4-14 所示。即在分析柱的入口端装有与分析柱相同固定相

图 4-14 液相色谱柱保护柱

的短柱（5～30mm 长），可以经常而且方便地更换。因此，起到保护延长分析柱寿命的作用。

3. 色谱柱恒温装置

高效液相色谱法虽然常常可以在常温下实现分离，但药典及很多新的分析方法对色谱柱温度控制的要求越来越高。稳定的控制柱温有利于提高柱效，改善色谱峰的分离度，峰形变窄，缩短保留时间，保证结果的准确性和重复性，特别是对需要高精度测定保留体积的样品分析而言，尤为重要。

（四）检测器

检测器、泵与色谱柱是组成 HPLC 的三大关键部件。高效液相色谱检测器要求具有灵敏度高、噪声低、线性范围宽、响应快、死体积小等特点，且对温度和流量的变化不敏感。但至今还没有一种像气相色谱那样高灵敏度的通用型检测器，因此应当根据试样的性能来选用相适宜的检测器。目前，液相色谱常用的检测器有紫外检测器（UVD）、示差折光检测器（RID）、荧光检测器（FD）和电化学检测器（ED）等，在商品仪器中应用最广泛的是紫外检测器和示差折光检测器。

1. 紫外检测器（UVD）

紫外检测器是 HPLC 中应用最广泛的检测器，适合在紫外区产生吸收的样品测定，几乎所有的液相色谱装置都配有紫外检测器。当检测波长范围包括可见光时，又称为紫外–可见检测器。它灵敏度高，噪声低，线性范围宽，对流速和温度均不敏感，可用于制备色谱。由于灵敏度高，因此那些光吸收小、吸光系数低的物质也可用紫外检测器进行微量分析。但要注意流动相中各种溶剂的紫外吸收截止波长。如果溶剂中含有吸光杂质，则会提高背景噪声，降低灵敏度（实际是提高检测限）。此外，梯度洗脱时，还会产生漂移。

紫外检测器分为固定波长检测器、可变波长检测器和光电二极管阵列检测器（PDAD）。按光路系统来分，紫外检测器可分为单光路和双光路两种。PDAD 是 20 世纪 80 年代出现的一种光学多通道检测器，它可以对每个洗脱组分进行光谱扫描，经计算机处理。光电二极管阵列检测器（PDAD）一般认为是目前液相色谱最有发展前途的检测器。

2. 示差折光检测器（RID）

示差折光检测器又称折光指数检测器，它是一种浓度型通用检测器。凡具有与流动相折射率不同的样品组分，均可使用示差折光检测器检测。流动相的变化会引起折射率的变化，因此，它既不适用于痕量分析，也不适用于梯度洗脱样品的检测。

示差折光检测器的普及程度仅次于紫外检测器，RID 操作简单，但灵敏度低（检测下限为 $10^{-7}g \cdot mL^{-1}$），属于总体性能检测器，对所有物质都有响应。它对没有紫外吸收的物质，如高分子化合物、糖类、脂肪烷烃等都能够检测。示差折光检测器还适用于流动相紫外吸收本底大，不适于紫外吸收检测的体系。

3. 荧光检测器（FD）

荧光检测器是利用某些样品具有荧光特性来检测的。许多有机化合物具有天然荧光活性，其中带有芳香基团的化合物具有很强的荧光活性。在一定条件下，荧光强度与物质浓度成正比。荧光检测器是一种选择性强的检测器，它适合于稠环芳烃、甾族化合物、酶、氨基酸、维生素、色素、蛋白质等荧光物质的测定。

高效液相色谱仪常见的检测器及其性能见表 4-2。

表 4-2 高效液相色谱仪常见的检测器及其性能

检测器	类型	最高灵敏度/g·mL^{-1}	温度影响	流速影响	用于梯度洗脱
紫外检测器	选择性	5×10^{-10}	低	无	可以
示差折光检测器	通用型	5×10^{-7}	有	无	不可以
荧光检测器	选择性	$10^{-12}\sim10^{-9}$	低	无	可以
红外检测器	选择性	$10^{-10}\sim10^{-9}$	有	有	困难
电导检测器	选择性	10^{-9}	有	有	不可以

（五）数据处理和计算机控制系统

液相色谱数据处理系统和计算机控制系统包括控制系统和数据处理系统，控制系统用来实现对输液泵流量、柱温箱温度、检测器波长等操作参数的控制。数据处理系统实现数据的采集记录、图谱的积分、定量计算及分析报告的处理等。

 习题

1. 高效液相色谱流动相脱气稍差会造成（　　）。

A. 分离不好，噪声增加　　　　　　　　B. 保留时间改变，灵敏度下降

C. 保留时间改变，噪声增加　　　　　　D. 基线噪声增大，灵敏度下降

2. 在高效液相色谱流程中，试样混合物在（　　）中被分离。

A. 检测器　　　　B. 记录器　　　　C. 色谱柱　　　　D. 进样器

3. 在液相色谱法中，提高柱效最有效的途径是（　　）。

A. 提高柱温　　　B. 降低板高　　　C. 降低流动相流速　　D. 减小填料粒度

4. 液相色谱中通用型检测器是（　　）。

A. 紫外吸收检测器　　　　　　　　　　B. 示差折光检测器

C. 热导检测器　　　　　　　　　　　　D. 氢火焰离子化检测器

5. 在液相色谱中，紫外检测器的灵敏度可达到（　　）g。

A. 10^{-6}　　　　B. 10^{-8}　　　　C. 10^{-10}　　　　D. 10^{-12}

6. 在各种液相色谱检测器中，紫外-可见检测器的使用率约为（　　）。

A. 70%　　　　B. 60%　　　　C. 80%　　　　D. 90%

7. 液相色谱流动相过滤必须使用（　　）粒径的过滤膜。

A. 0.5μm　　　B. 0.45μm　　　C. 0.6μm　　　D. 0.55μm

 知识窗

奶粉中亚硝酸盐检测

国家质检总局公布的 2013 年 5 月、6 月进境不合格食品名录显示，来自新西兰、法国、德国等多地的乳制品发现质量问题被销毁或退货。其中，三批次近百吨奶粉亚硝酸盐超标。今年 5 月 1 日起，《进出口乳品检验检疫监督管理办法》正式实施，乳品进口面临更严格的准入门槛。据了解，新规实施前，全项目检测报告是抽检，新规实施后，必须批批核审。

实训任务 1　　液相色谱法流动相的处理

怎样正确处理高效液相色谱仪的流动相?

任务来源

实训思路

流动相的选择 ➡ 流动相的配比 ➡ 流动相的过滤 ➡ 流动相的脱气

仪器准备

（1）流动相过滤器；（2）超声波处理器。

试剂准备

（1）甲醇（色谱纯）；（2）超纯水。

实训步骤

一、流动相的选择

从实用角度考虑，选用作为流动相的溶剂除具有价廉、易购的特点外，还应满足高效液相色谱分析的下述要求。

① 选用的溶剂应当与固定相互不相溶，并能保持色谱柱的稳定性。

② 选用的溶剂应有高纯度，以防所含微量杂质在柱中积累，引起柱性能的改变。

③ 选用的溶剂性能应与所使用的检测器相匹配，如使用紫外吸收检测器，就不能选用在检测波长下有紫外吸收的溶剂，若使用示差折光检测器，就不能使用剃度洗脱。

④ 选用的溶剂应对样品有足够的溶解能力，以提高测定的灵敏度。

⑤ 选用的溶剂应具有低的黏度和适当低的沸点。使用低黏度溶剂，可减少溶质的传质阻力，有利于提高柱效。

⑥ 应尽量避免使用具有显著毒性的溶剂，以保证工作人员的安全。

二、流动相的配比

甲醇与水的配比为 55：45，甲醇为色谱纯，水为超纯水。

三、流动相的过滤

减压过滤器的漏斗中首先放好 0.45μm 以下微孔滤膜的有机溶剂专用滤纸，用少量的超纯水湿润，使滤纸紧贴玻璃漏斗的微孔，把配制好的流动相倒入玻璃漏斗，开动过滤器的电源开关，溶液通过玻璃漏斗迅速过滤流下。

四、流动相的脱气

超声波振荡脱气的方法是将配制好的流动相连同容器一起放入超声水槽中，脱气 15～20min 即可。该法操作简便，又基本能满足日常分析的要求，因此，目前仍被广泛采用。

注意事项

（1）不同的仪器，使用的流动相是不同的，不同的实验使用的流动相也是不同的，否则，会使色谱柱损坏。

（2）使用的水要求是超纯水，试剂要求是色谱纯试剂。

结果与讨论

（1）记录流动相的配比。

（2）为什么要对流动相进行过滤处理？

（3）为什么要对流动相进行脱气处理？

实训任务 2　高效液相色谱仪的认识与使用

任务来源

高效液相色谱仪与气相色谱仪有什么不同？如何操作？

实训思路

高效液相色谱仪的开机 ➡ 样品测定 ➡ 高效液相色谱仪的关机

仪器准备

岛津高效液相色谱仪（LC-20AT）；流动相过滤器；超声波处理器；微量注射器。

试剂准备

对羟基苯甲酸甲酯（$10\mu g \cdot mL^{-1}$）。

一、高效液相色谱仪的开机

1. 按仪器说明书依次打开电源、高压输液泵、紫外检测器开关。

2. 仪器进行自检，自检结束后，打开输液泵旁路开关，按下高压输液泵的"purge"键，进行仪器的排空处理。

3. 排空完毕，打开 LC 色谱工作站，设置实验条件参数：

波长 254nm，压力最小 2MPa，最大 28MPa，流速 $0.8 \sim 1.0$mL·min^{-1}（仅供参考，详见仪器操作说明），待基线稳定。

二、样品测定

待基线稳定后，将进样器六通阀的旋钮旋至与定量管相通，用微量注射器注入 $20\mu L$ 对羟基苯甲酸甲酯，然后把六通阀的旋钮旋至与色谱柱相通，此时在流动相的带动下，样品进入了色谱柱，仪器进行自动采样，待所有的色谱峰流出完毕，按"stop"键停止分析（运行时间结束后，仪器也会自动停止采样）。

三、高效液相色谱仪的关机

1. 所有样品分析完毕后，让流动相继续流动 $15 \sim 20$min，以免色谱柱上残留样品中强吸附的杂质。

2. 关闭色谱数据工作站及计算机。

3. 从泵和系统中除去有害的流动相。

4. 根据色谱柱说明书上的指导清洗柱子。

5. 关闭检测器开关和电源开关。

◆ 注意事项 ◆

（1）各实验室的仪器设备不可能完全一样，操作时一定要参照仪器的操作规程。

（2）色谱柱的个体差异很大，即使是同一厂家的同种型号的色谱柱，性能也会有差异。因此，色谱条件（主要是指流动相的配比）应根据所用色谱柱的实际情况作适当的调整。

（3）用平头微量注射器吸液时，防止气泡吸入的方法是：将擦干净并用样品清洗过的注射器插入样品液面以下，反复提拉数次，驱除气泡，然后缓慢提升针芯到刻度。

（4）如果仪器长期停用，完成实验后还应卸下色谱柱，将色谱柱两头的螺帽套紧，先用水再用异丙醇冲洗泵，确保泵头内灌满异丙醇；从系统中拆下泵的输出管，套上管套；从溶剂贮液器中取出溶剂入口过滤器，放入干净袋中；妥善保存好泵。

◆ 结果与讨论 ◆

（1）记录样品的保留时间、峰高及峰面积。

（2）高效液相色谱仪主要由哪几部分构成？

（3）简单阐述高效液相色谱仪的工作原理？

项目二
高效液相色谱法的应用

技能目标

熟悉高效液相色谱仪操作规程及色谱工作站（软件）的应用；掌握 HPLC 常用的定性和定量分析方法。

知识目标

熟悉液相色谱法的分离原理和分析对象；了解高效液相色谱柱的选择原理。

实训任务

HPLC 法测定对羟基苯甲酸混合酯的含量；HPLC 法测定饮料中苯甲酸的含量。

高效液相色谱法的应用范围很广，如何选择操作条件？ 如何进行定性定量分析？

一、液相色谱法的分类

高效液相色谱法按分离机理不同，可分为以下几种类型：液-固吸附色谱法、液-液分配色谱法、离子交换色谱法和空间排阻色谱法。

（一）液-固吸附色谱法

液-固吸附色谱是利用固体吸附剂对流动相中不同组分吸附能力的不同而进行分离的。

1. 固定相

液-固色谱的固定相是固体吸附剂，按其性质可分为极性和非极性两种类型。极性吸附剂包括硅胶、氧化铝、氧化镁、硅酸镁、分子筛及聚酰胺等，目前较常使用的是 $5\sim10\mu m$ 的硅胶微粒（全多孔型）。

非极性固定相最常见的是高强度多孔微粒活性炭，还有近来开始使用的 $5\sim10\mu m$ 的多孔石墨化炭黑，以及高交联度的苯乙烯-二乙烯基苯共聚物的单分散多孔微球与碳多孔小球等。

2. 流动相

液-固吸附色谱，是组分分子与溶剂（流动相）分子对吸附剂的三方竞争的吸附过程，其相对极性控制了吸附平衡。所以，流动相选择是否合适，直接影响分离效果。

选择流动相的基本原则是极性大的样品用极性较强的流动相，极性小的则用低极性流动相。为了获得合适的溶剂极性，常采用两种、三种或更多种不同极性的溶剂混合起来使用，如果样品组分的分配系数范围很广，则使用梯度洗脱。液-固吸附色谱法中使用的流动相主要为非极性的烃类（如己烷、庚烷）等，某些极性有机溶剂作为缓和剂加入其中，如二氯甲烷、甲醇等，极性越大的组分保留时间越长。

（二）液-液分配色谱法

液-液分配色谱是利用混合样中各组分在固定相与流动相中溶解度的不同而进行分离的。其流动相和固定相都是液体，但流动相与固定相互不相溶，两者之间有明显的分界面。

液-液分配色谱法包括正相分配色谱和反相分配色谱。正相分配色谱法时，流动相极性小于固定相极性，主要用来分离溶于有机溶剂的极性及中等极性的分子型物质；反相分配色谱法时，流动相极性大于固定相极性，主要用来分离非极性至中等极性的物质。

1. 固定相

液-液色谱最常用的固定相是化学键合相，化学键合相又分为非极性键合相和极性键合相。

非极性键合相：常用的有十八烷基硅烷键合硅胶（ODS，C_{18}），辛基硅烷键合硅胶（C_8），在反相 HPLC 中最为常用。

极性键合相：常用氨基和氰基硅烷键合相，既可以用于正相色谱法，也可以用于反相色谱法。多用于正相 HPLC。

液-液色谱中涂渍固定液的方法与气液色谱相同，也是将固定液涂渍在载体或微球型吸附剂上。凡在气-液色谱中使用的固定液，只要不和流动相混溶，原则上液-液色谱中都可以使用。

2. 流动相

液-液分配色谱中，极性组分使用极性固定液与非极性或弱极性流动相，非极性组分使用非极性固定液与极性流动相可得到较好的分配系数值。当选定固定液后，可改变流动相组成调节分配系数值。如果样品极性增强，固定液极性应适当减弱，或者适当增强流动相极性。弱极性样品也可采用非极性固定液（如角鲨烷）、强极性流动相（如甲醇或水），即反相色谱。此时，极性强的组分先出峰。选用不同强度的溶剂作流动相，是液相色谱的一个重要手段。

正相色谱中，底剂采用低极性溶剂如正己烷、苯、氯仿等；而洗脱剂则根据试样的性质选取极性较强的针对性溶剂，如醚、酯、酮、醇和酸等。在反相色谱中，通常以水为流动相的主体，以加入不同配比的有机溶剂作调节剂。常用的有机溶剂是甲醇、乙腈、四氢呋喃等。

在选用溶剂时，溶剂的极性显然为重要的依据。例如在正相液-液色谱中，可先选中等极性的溶剂为流动相，若组分的保留时间太短，表示溶剂的极性太大，改用极性较弱的溶剂；若组分保留时间太长，则再选极性在上述两种溶剂之间的溶剂；如此多次实验，以选得最适宜的溶剂。

常用溶剂的极性顺序排列如下：水（极性最大），甲酰胺，乙腈，甲醇，乙醇，丙醇，丙酮，二氧六环，四氢呋喃，甲乙酮，正丁醇，乙酸乙酯，乙醚，异丙醚，二氯甲烷，氯仿，溴乙烷，苯，氯丙烷，甲苯，四氯化碳，二硫化碳，环己烷，正己烷，庚烷，煤油（极性最小）。

3. 化学键合固定相

化学键合固定相是一种新型固定相，是利用化学反应方法，将有机官能团通过化学反应共价键合到硅胶表面的游离羟基上而形成的固定相。这类固定相的突出特点是耐溶剂冲洗，柱子使用寿命长，而且固定相的功能得到改善。往往兼有液-固吸附与液-液分配的分离功能。

化学键合相按键合官能团的极性分为极性和非极性键合相两种。

常用的极性键合相主要有氰基（—CN）、氨基（—NH₂）和二醇基（DIOL）键合相；常用的非极性键合相主要有各种烷基键合相（如 C₂、C₆、C₈、C₁₈ 等）和苯基键合相，其中以 C₁₈ 键合相（简称 ODS）对于各种类型的化合物都有很强的适应能力，应用最为广泛（见表 4-3）。

在化学键合相色谱法中，溶剂的洗脱能力即溶剂强度直接与它的极性相关。在正相键合相色谱中，随着溶剂极性的增强，溶剂的强度也增加；在反相键合相色谱中，溶剂强度随极性的增强而减弱。

表 4-3　化学键合相色谱应用

样品种类	键合基团	流动相	色谱类型	实例
低极性溶解于烃类	—C₁₈	甲醇-水 乙腈-水 乙腈-四氢呋喃	反相	多环芳烃、甘油三酯、类脂、脂溶性维生素、甾族化合物、氢醌
中等极性可溶于醇	—CN —NH₂	乙腈、正己烷、氯仿、异丙醇	正相	脂溶性维生素、甾族化合物、芳香醇、胺、芳香胺、脂、氯化农药、苯二甲酸
	—C₁₈ —C₈ —CN	甲醇、水、乙腈	反相	甾族化合物、可溶于醇的天然产物、维生素、芳香酸、黄嘌呤
高极性可溶于水	—C₈ —CN	甲醇、乙腈、水、缓冲溶液	反相	水溶性维生素、胺、芳醇、抗生素、止痛药
	—C₁₈	水、甲醇、乙腈	反相离子对	酸、磺酸类染料、儿茶酚胺
	—SO₃⁻	水和缓冲溶液	阳离子交换	无机阳离子、氨基酸
	—NR₃⁺	磷酸缓冲液	阴离子交换	核苷酸、糖、无机阴离子、有机酸

正相键合相色谱的流动相通常采用烷烃（如己烷）加适量极性调整剂（如乙醚、甲基叔丁基醚、氯仿等）。反相键合相色谱的流动相通常以水作为基础溶剂，再加入一定量能与水互溶的极性调整剂，常用的极性调整剂有甲醇、乙腈、四氢呋喃等。反相键合相色谱中各种溶剂的强度按以下次序递增：水＜甲醇＜乙腈＜乙醇＜四氢呋喃＜丙醇＜二氯甲烷，即溶剂强度随溶剂极性的降低而增加。

实际使用中，甲醇-水体系已能满足多数样品的分离要求，且流动相的黏度小、价格低，是反相键合相色谱最常用的流动相。虽然实际上采用适当比例的二元混合溶剂就可以适应不同类型的样品分析，但有时为了获得最佳分离，也可以采用三元甚至四元混合溶剂作流动相。

（三）离子交换色谱法

离子交换色谱是利用试样中各组分与离子交换树脂的亲和力不同而进行分离的。

1. 离子交换色谱固定相

离子交换色谱的固定相为离子交换树脂。它由苯乙烯-二乙烯苯交联共聚形成具有网状结构的基质，同时在网格上引入各种酸性或碱性的可交换的离子基团。离子交换树脂也分为表面多孔型和全多孔型两种，前者应用较为广泛。

（1）阳离子交换树脂　树脂上具有与样品中阳离子交换的基团，按离解常数分为强酸性与弱酸性两种。强酸性阳离子交换树脂所带的基团为磺酸基（$-SO_3^-H^+$），能从强酸盐、弱酸盐以及强碱和弱碱中吸附阳离子。弱酸性阳离子交换树脂所带的基团为羧基（$-COO^-H^+$），仅能从强碱和中强碱中交换阳离子。

（2）阴离子交换树脂　树脂上具有与样品中阴离子交换的基团，按其离解常数分为强碱性及弱碱性两种。强碱性阴离子交换树脂所带的基团为季铵盐型（$-CH_2NR_3^+Cl^-$），能从强酸和弱酸或强碱盐和弱碱盐中交换阴离子。弱碱性阴离子交换树脂所带的基团为氨基（$-NH_3^+Cl^-$），仅能从强酸中交换阴离子。

离子交换树脂作固定相，传质快，有利于加快分析速度，提高柱效，但柱容太低。强酸（碱）性树脂适于作无机离子分析，而弱酸（碱）性树脂适用于作有机物分析。但由于强酸（碱）性树脂比弱的稳定，且可适用于宽的 pH 范围，因此在高效液相色谱中也常采用强酸（碱）性树脂分析有机物。例如，可用强酸性阳离子树脂分析生物碱、嘌呤，用强碱性阴离子树脂分析有机酸、氨基酸、核酸等。

2. 离子交换色谱流动相

离子交换色谱通常以水作流动相，组分的保留值可用流动相中盐的浓度和 pH 来控制。选择流动相 pH 格外重要，常用缓冲体系，这样既可保持 pH，又可维持离子强度。对阳离子交换柱，流动相 pH 增加，使保留值降低，在阴离子交换柱中，情况相反。

通常用的流动相有水、水与甲醇混合液，钠、钾、铵的柠檬酸盐、磷酸盐、硼酸盐、甲酸盐、乙酸盐与它们相应的酸混合成酸性缓冲液或与氢氧化钠混合成碱性缓冲液。

（四）空间排阻色谱法

空间排阻色谱法是按分子尺寸大小顺序进行分离的一种色谱方法。所用固定相凝胶是含有大量液体（一般是水）的柔软而富于弹性的物质，是一种经过交联而具有立体网状结构的多聚体，有一定的形状和稳定性。根据交联程度和含水量的不同，分为软胶、半硬胶及硬胶三种。

被分离的混合物随流动相通过凝胶色谱柱时，尺寸大的组分不发生渗透作用，沿凝胶颗粒间孔隙随流动相流动，流程短，流动速度快，先流出色谱柱，尺寸小的组分则渗入凝胶颗粒内，流程长，流动速度慢，后流出色谱柱。

根据所用流动相的不同，凝胶色谱分为两类：用水作流动相的称为凝胶过滤色谱；用有机溶剂作流动相的称为凝胶渗透色谱。凝胶色谱主要用来分析高分子物质的相对分子质量分布。

二、定性与定量分析

由于液相色谱过程中影响溶质迁移的因素较多，同一组分在不同色谱条件下的保留值相差很大，即便在相同的操作条件下，同一组分在不同色谱柱上的保留也可能有很大差别，因此液相色谱与气相色谱相比，定性的难度更大，但通常气相色谱法中的定性方法在液相色谱中都可以使用。高效液相色谱的定量方法与气相色谱定量方法类似，主要有面积归一化法、外标法和内标法，简述如下。

1. 归一化法

归一化法要求所有组分都能分离并有响应，其基本方法与气相色谱中的归一化法类似。由于液相色谱所用检测器为选择性检测器，对很多组分没有响应，因此液相色谱法较少使用归一化法。

2. 外标法

外标法是以待测组分纯品配制标准试样和待测试样同时作色谱分析来进行比较而定量的，可分为标准曲线法和直接比较法。具体方法可参阅气相色谱的外标法定量。

3. 内标法

内标法是比较精确的一种定量方法。它是将已知的参比物（称内标物）加到已知量的试样中，那么试样中参比物的浓度为已知；在进行色谱测定之后，待测组分峰面积和参比物峰面积之比应该等于待测组分的质量与参比物质量之比，求出待测组分的质量，进而求出待测组分的含量。

三、液相色谱操作条件

在色谱分析中，如何选择最佳的色谱条件以实现最理想分离，是色谱工作者的重要工作，也是用计算机实现 HPLC 分析方法建立和优化的任务之一。高效液相色谱操作条件的控制包括以下几个方面。

1. 流动相的准备

流动相应选用色谱纯试剂、高纯水或双蒸水，酸碱液及缓冲液需经过滤后使用，过滤时注意区分水系膜和油系膜的使用范围。流动相过滤后要用超声波脱气，放至室温才能用。水相流动相需经常更换（一般不超过 2 天），防止长菌变质。

2. 样品的处理

采用过滤或离心方法处理样品，确保样品中不含固体颗粒，用流动相或比流动相弱的溶剂制备样品溶液，尽量用流动相来制备样品溶液。

3. 色谱柱的使用

使用前仔细阅读色谱柱附带的说明书，注意适用范围，如 pH 范围、流动相类型等，使用符合要求的流动相，使用保护柱。如所用的流动相为含盐流动相，反相色谱柱使用后，先用水或低浓度甲醇水（5％）冲洗，再用甲醇冲洗。色谱柱不用时，应用甲醇冲洗，取下后紧密封闭两端保存。冲洗柱子时不能压力太高。

4. pH 范围

一般反相烷基键合固定相要求在 pH＝2～8 之间使用，pH＞8.5 会引起基体硅胶溶解。

5. 缓冲溶液

缓冲溶液在 pH＝2～8 之间要有大的缓冲容量，背景小，与有机溶剂互溶，这样可提高平衡速度，掩蔽吸附剂表面上的硅醇基，分离极性和离子性化合物时选用具有一定 pH 的缓冲溶液是必要的，而且缓冲溶液中盐的浓度应适当，以避免出现不对称的峰和分叉峰。

6. 系统的压力

系统的压力应低于 15MPa，一般 HPLC 仪器可承受 30～40MPa 的压力。但实际工作中，最好是工作压力小于泵最大允许压力的 50％，因为长期在高压状态下工作，泵、进样阀、密封垫的寿命将缩短。另外随着色谱柱的使用，微粒物质会逐步堵塞柱头而使柱压升高。

7. 最大样品量和最小检测质量

样品量对峰宽度和保留值有一定的影响。对于 25cm 的柱子，在一般操作条件下最大允许样品量约为 $100\mu g$，此时不会明显地改变分离情况。对检测条件不理想的情况，最小检测量一般为 $20\mu g$，在最佳条件下最小检测量可达 5ng。

四、HPLC 应用范围

液相色谱的应用范围很广，主要是在医药、食品、化工、环保、农林等多个行业中。总的原则是分析那些气相色谱法难以分析的分子量大、沸点高、非挥发性、热不稳定的化合物。HPLC 在各行业中应用的分布情况如图 4-15 所示。

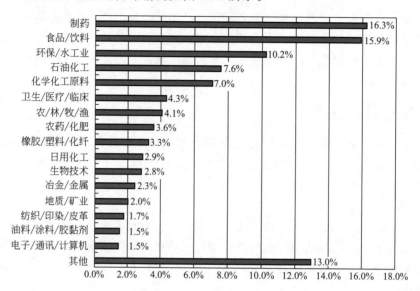

图 4-15　HPLC 应用范围分布图

 习题

1. 在 GC 和 LC 中，影响柱选择性的因素是（　　）。

A. 固定相的种类　　B. 柱温　　　　　　C. 流动相的种类　　　D. 分配比

2. 在液相色谱中，范氏方程中的哪一项对柱效能的影响可以忽略不计（　　）？

A. 涡流扩散项　　　　　　　　　　B. 分子扩散项

C. 固定相传质阻力项　　　　　　　D. 流动相中的传质阻力

3. 在液相色谱中，某组分的保留值大小实际反映了哪些部分的分子间作用力（　　）？

A. 组分与流动相　　　　　　　　　B. 组分与固定相

C. 组分与流动相和固定相　　　　　D. 组分与组分

4. 在液-固色谱法中，以硅胶为固定相，对以下四个组分，最后流出色谱柱的组分可能是（　　）。

A. 苯酚　　　　　　B. 苯胺　　　　　　C. 邻羟基苯胺　　　D. 对羟基苯胺

5. 用液相色谱法分离长链饱和烷烃的混合物，应采用下述哪一种检测器（　　）？

A. 紫外吸收检测器　　　　　　　　B. 示差折光检测器

C. 荧光检测器　　　　　　　　　　D. 电化学检测器

6. 液-液色谱法中的反相液相色谱法，其固定相、流动相和分离化合物的性质分别为（　　）。

A. 非极性、极性和非极性   B. 极性、非极性和非极性

C. 极性、非极性和极性   D. 非极性、极性和离子化合物

7. 若在一个 1m 长的色谱柱上测得两组分的分离度为 0.68，若要使它们完全分离，则柱长（m）至少应为（   ）。

A. 0.5   B. 2   C. 5   D. 9

8. 在液相色谱中，梯度洗脱最宜于分离（   ）。

A. 几何异构体   B. 沸点相近，官能团相同的试样

C. 沸点相差大的试样   D. 分配比变化范围宽的试样

9. 高效液相色谱按分离机理的不同可分为哪几种类型？

 知识窗

三聚氰胺

俗称密胺、蛋白精，是白色单斜晶体，几乎无味，微溶于水，属于化工原料，对身体有害，不可用于食品加工或食品添加物。三聚氰胺本身低毒，但是进入人体后与胃酸发生反应，会形成无法溶解的氰尿酸三聚氰胺，造成严重的肾结石。

2008 年中国毒奶制品事件

2008 年的中国发生了一起食品安全事件，事件起因是很多食用三鹿集团生产的奶粉的婴儿被发现患有肾结石，随后在其奶粉中被发现化工原料三聚氰胺。截至 2008 年 9 月 21 日，因使用婴幼儿奶粉接受过治疗的婴幼儿共计 39965 人，死亡 4 人。中国国家质检总局公布对国内的乳制品厂家生产的婴幼儿奶粉的三聚氰胺检验报告后，事件迅速恶化，包括伊利、蒙牛、光明、圣元及雅士利在内的多个厂家的奶粉都检出三聚氰胺。该事件亦重创中国制造商品信誉，多个国家禁止了中国乳制品进口。

实训任务 1   高效液相色谱法测定对羟基苯甲酸混合酯的含量

任务来源

液相色谱的工作软件和气相色谱的工作软件有何不同？如何定量分析？

实训思路

高效液相色谱仪的开机 ➡ 溶液的配制 ➡ 样品测定 ➡ 结果分析

仪器准备

岛津高效液相色谱仪（LC-20AT）；流动相过滤器；超声波处理器；微量注射器。

（1）对羟基苯甲酸甲酯：$10\mu g \cdot mL^{-1}$。

（2）对羟基苯甲酸乙酯：$10\mu g \cdot mL^{-1}$。

（3）对羟基苯甲酸丙酯：$10\mu g \cdot mL^{-1}$。

（4）对羟基苯甲酸丁酯：$10\mu g \cdot mL^{-1}$。

（5）甲醇（色谱纯）。

（6）超纯水。

（7）流动相：甲醇＋水＝55：45（体积比）。

（8）未知混合样。

一、开机

1. 开启主机电源，开启电脑。仪器进行自检，自检结束后，对泵进行排空处理。

2. 双击电脑桌面上"软件图标"，设置实验条件参数（波长 254nm，压力最小 2MPa，最大 28MPa，流速 $0.8\sim1.0mL \cdot min^{-1}$，仅供参考，详见仪器操作说明），待基线稳定。

二、溶液的配制

1. 四个标准样的配制

对羟基苯甲酸甲酯、对羟基苯甲酸乙酯、对羟基苯甲酸丙酯、对羟基苯甲酸丁酯，浓度均为 $10\mu g \cdot mL^{-1}$，通过计算各配制 1000mL 的贮备液。

2. 流动相甲醇水溶液的配制

用量筒量取溶液和水即可，分别用有机系和水系的滤纸过滤，按体积配比混合，然后进行超声波脱气 15min。

三、样品的测量（归一化法）

1. 利用保留值进行定性分析

按先后顺序依次用 $50\mu L$ 的微量注射器吸取超过 $20\mu L$ 的标准样，注入 $20\mu L$ 的仪器定量管中，开始进行测量，等待出峰完全，停止数据的采集，记录保留时间。然后进行第二个标样的定性工作，以此类推完成四个标样的定性工作。

2. 混合样的测定

用 $50\mu L$ 的微量注射器吸取超过 $20\mu L$ 的混合样，注入 $20\mu L$ 的仪器定量管中，进行测定，等待四个峰出峰完全，停止数据的采集。数据记录至实训报告。

四、实验结束

1. 实验完成后，关闭仪器（关高压输液泵，关检测器），电脑暂时不关（要进行数据处理和打印输出）。清洗干净各实验用品，并妥善保存（或交于实训指导老师）。

2. 整理好实验台，准确处理数据。

（1）每次实验结束后，都要用流动相清洗色谱柱 20min，甚至用更高浓度的甲醇溶液来清洗，以备下次使用。

（2）所有需用的溶液，包括水要进行过滤和超声波处理器处理。

（3）工作压力不宜过大，最好不要超过 28MPa，以免冲击色谱柱。

(1) 记录各标样的保留时间、峰高及峰面积。

(2) 打印各图谱，计算混合物中各物质的含量。

(3) 高效液相色谱法与气相色谱法相比有何不同，各有什么优缺点？

(4) 高效液相色谱法用于哪些物质的测定？

实训任务 2 高效液相色谱法测定饮料中苯甲酸的含量

任务来源

包装食品和化妆品中都含有一定量的防腐剂，一般浓度为0.2%，浓度太大有一定的毒害。

实训思路

高效液相色谱仪的开机 ➡ 溶液的配制 ➡ 样品测定 ➡ 结果分析

仪器准备

岛津高效液相色谱仪（LC-20AT）；流动相过滤器；超声波处理器；微量注射器。

试剂准备

(1) 流动相的组成 甲醇：水（$0.05mol \cdot L^{-1}$的磷酸二氢钾，pH＝3.5）＝75：25。甲醇：色谱纯（经有机系滤纸过滤）。水：超纯水（经水系滤纸过滤）。

(2) 苯甲酸储备溶液 准确称取 0.1000g 苯甲酸，加碳酸氢钠溶液（$20g \cdot L^{-1}$）5mL，加热溶液，冷却后移入 100mL 容量瓶中，加水定容至 100mL，苯甲酸含量为 $1mg \cdot mL^{-1}$，作为储备溶液。

(3) 苯甲酸工作溶液 取苯甲酸储备液 10mL，放入 100mL 容量瓶中，加水至刻度。此溶液含有苯甲酸 $0.1mg \cdot mL^{-1}$，经 $0.45\mu m$ 滤膜过滤。

(4) 碳酸饮料。

实训步骤

一、开机

1. 开启主机电源，开启电脑。仪器进行自检，自检结束后，对泵进行排空处理。

2. 双击电脑桌面上"软件图标"，设置实验条件参数（波长 230nm，压力最小 2MPa，最大 28MPa，流速 $0.8～1.0mL \cdot min^{-1}$，仅供参考，详见仪器操作说明），待基线稳定。

二、溶液的配制与处理

1. 配制 $1mg \cdot mL^{-1}$ 苯甲酸储备溶液。

2. 配制 $0.1mg \cdot mL^{-1}$ 苯甲酸工作溶液及经过滤和脱气处理。

3. 配制 0.01mg·mL^{-1}苯甲酸工作溶液及经过滤和脱气处理。

4. 配制流动相，要经过滤和脱气处理。

5. 碳酸饮料：取约 100mL 的碳酸饮料于干净的小烧杯中，在超声处理器中超声处理 15min，同样纤维素滤头过滤，把样品注入样品瓶中，待用。

三、溶液的分析测定（两点作工作曲线法）

1. 0.01mg·mL^{-1}苯甲酸标准溶液的测定：用 50mL 的微量注射器吸取超过 20mL 的混合样，注入 20mL 的仪器定量管中，进行测定，等待出峰完全，停止数据的采集。记录数据，保存文件，保存图谱，以备数据处理用。

2. 0.1mg·mL^{-1}苯甲酸标准溶液的测定：吸取 0.1mg·mL^{-1}苯甲酸，同上步进行。

3. 样品的测定：吸取碳酸饮料，同步骤 1 进行。样品出峰会比较多，且图谱会比较复杂，此时根据标准溶液中的保留时间来确定样品中哪一个是苯甲酸的峰，以备数据处理用。

四、实验结束

1. 实验完成后，关闭仪器（关高压输液泵，关检测器），电脑暂时不关（要进行数据处理和打印输出）。清洗干净各实验用品，并妥善保存（或交于实训指导老师）。

2. 整理好实验台，数据处理。

⁛ 注意事项 ⁛

（1）外标法比面积归一化方法复杂，进行软件数据处理时要集中注意力学习。

（2）注射器进样时不能有气泡进入，以严格保证每次进样量完全一致，否则影响定量分析结果。

⁛ 结果与讨论 ⁛

（1）在电脑上进行样品杂峰的处理，把所需的苯甲酸的峰找到，对峰面积进行处理。

（2）根据电脑工作软件的情况，利用外标法作出两点工作曲线和求出碳酸饮料中苯甲酸的含量。

（3）把所需的数据、图表输出打印，填写实验报告。

（4）高效液相色谱仪主要由哪几部分组成？

（5）流动相比例的改变对分离结果有什么影响？

模块五
电位分析法

电位分析法是利用物质的电化学性质，以测定化学电池两电极间的电位差或电位差的变化为基础的电化学分析法，是电化学分析法的重要组成部分。

本模块共分为三个项目。

 思维导入

项目一
直接电位法测定水溶液 pH

技能目标

掌握常用电极的正确使用；熟悉使用酸度计测定溶液的 pH 的操作。

知识目标

掌握电位分析法基本原理；熟悉常用工作电极的构造和特点；掌握测定 pH 的方法原理。

实训任务

直接电位法测定水溶液的 pH。

我们经常要测定 pH，哪种方法测量水溶液的 pH 又快又精确？

一、电位分析法概述

电位分析法是在通过电池的电流为零的条件下测定电池的电动势，从而利用电动势与浓度的关系来测定物质活度（或浓度）的一种电化学分析方法。

电动势的测量需要构成一个化学电池，每个电池有两个电极，每个电极都有各自的电极电位，将电极电位随被测物质活度（或浓度）变化的电极称为指示电极，将另一个与被测物质无关的，提供稳定电极电位的电极称为参比电极。电解质溶液由被测试样及其他组分组成，依靠这种体系可以进行电位测量，如图 5-1 所示，通过测量该电池的电动势可以求得溶液中被测组分的含量。

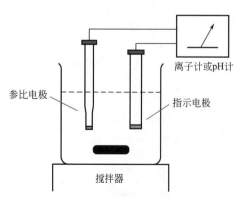

图 5-1　电动势测定装置

参比电极　指示电极　离子计或pH计　搅拌器

二、电位分析法的分类

电位分析法分为直接电位法和电位滴定法两类。

直接电位法：利用专用的指示电极，选择性地把待测离子的活度（或浓度）转化为电极电位加以测量，根据能斯特方程式，求出待测离子的活度（或浓度），也称为离子选择电极法。

电位滴定法：利用指示电极在滴定过程中电位的变化及化学计量点附近电位的突跃来确定滴定终点的滴定分析方法。与化学分析法中的滴定分析不同的是电位滴定的滴定终点是由测量电位突跃来确定的，而不是由观察指示剂颜色的变化来确定。

三、电位分析法的理论依据

1. 原电池

电位分析法是在化学电池内进行的，这个化学电池称为原电池，原电池能自发地将本身的化学能转变为电能。原电池包括两个电极、容器和适当的电解质溶液，图 5-2 是 Cu-Zn 原电池示意。

为了使电池的描述简化，通常用电池符号来表示。如上述原电池可以表示为：

$$(-)Zn \mid ZnSO_4(x\text{mol} \cdot L^{-1}) \parallel CuSO_4(y\text{mol} \cdot L^{-1}) \mid Cu(+)$$

单竖线"｜"表示不同相界面，双竖线"‖"表示盐桥，说明有两个接界面，双竖线两侧为两个半电池，习惯上把负极写在左边，正极写在右边。

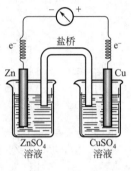

图 5-2　Cu-Zn 原电池示意

2. 能斯特方程

电位分析法的理论依据是能斯特（Nernst）方程（电极的电极电位与溶液中待测离子间的定量关系）。

对于氧化还原体系：

$$Ox + ne^- \longrightarrow Red$$

电极的电极电位与氧化态和还原态的离子活度的关系，可用能斯特方程式表示：

$$\varphi_{Ox/Red} = \varphi^{\ominus}_{Ox/Red} + \frac{RT}{nF} \ln \frac{a_{Ox}}{a_{Red}} \tag{5-1}$$

对于金属电极（还原态为金属，活度定为1）：

将金属片 M 插入含有该金属离子 M^{n+} 的溶液中，此时金属与溶液的接界面上将发生电子的转移形成双电层，产生电极电位，其电极反应为：

$$M^{n+} + ne^- \longrightarrow M$$

电极电位与 M^{n+} 活度的关系，可用能斯特方程式表示：

$$\varphi_{M^{n+}/M} = \varphi^{\ominus}_{M^{n+}/M} + \frac{RT}{nF} \ln a_{M^{n+}} \tag{5-2}$$

式中，当离子浓度很小时，可用 M^{n+} 的浓度代替活度。为了便于使用，可用常用对数代替自然对数。因此在温度为 25℃ 时，能斯特方程式可近似地简化成下式：

$$\varphi_{M^{n+}/M} = \varphi^{\ominus}_{M^{n+}/M} + \frac{0.059}{n} \ln a_{M^{n+}} \tag{5-3}$$

式中，n 是电子得失个数，$\varphi^{\ominus}_{M^{n+}/M}$ 是标准电极电位，可以查资料得到，见书后附录Ⅲ。

如果测量出 $\varphi_{M^{n+}/M}$，那么就可以确定 M^{n+} 的活度。但实际上，单个电极的电位是无法测量的，它必须与参比电极及待测溶液组成工作电池，通过测量工作电池的电动势来获得 $\varphi_{M^{n+}/M}$ 的电位，原理是 $E=\varphi^+-\varphi^-$。必须指出，直接电位法是在溶液平衡体系不发生变化的条件下进行测定的，测得的是物质游离离子的量，而电位滴定法测得的是物质的总量。

四、工作电极

（一）参比电极

参比电极是用来提供标准电位的电极，常用的参比电极有甘汞电极和银-氯化银电极。对参比电极的主要要求是：电极的电位值已知且恒定，受外界影响小，对温度或浓度没有滞后现象，具备良好的重现性和稳定性。

1. 饱和甘汞电极（SCE）

（1）饱和甘汞电极的结构　甘汞电极由纯汞、$Hg_2Cl_2\text{-}Hg$ 混合物和 KCl 溶液组成，其结构如图 5-3 所示。

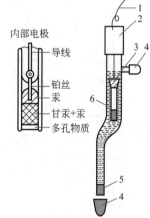

甘汞电极有两个玻璃套管：内套管封接一根铂丝，铂丝插入纯汞中，汞下装有甘汞和汞（$Hg_2Cl_2\text{-}Hg$）的糊状物；外套管装入 KCl 溶液，电极下端与待测溶液接触处是熔接陶瓷芯或玻璃砂芯等多孔物质。

（2）甘汞电极的电极反应和电极电位　甘汞电极的半电池为：

Hg，Hg_2Cl_2（固）｜KCl（液）

电极反应为：$Hg_2Cl_2+2e^-\rightleftharpoons 2Hg+2Cl^-$

25℃时电极电位：

$$\varphi_{Hg_2Cl_2/Hg}=\varphi_{Hg_2Cl_2/Hg}^{\ominus}-\frac{0.0592}{2}\lg a^2(Cl^-)$$
$$=\varphi_{Hg_2Cl_2/Hg}^{\ominus}-0.0592\lg a(Cl^-) \tag{5-4}$$

图 5-3　饱和甘汞电极结构
1—导线；2—绝缘体；3—内部电极；4—橡胶帽；5—多孔物质；6—饱和 KCl 溶液

由式（5-4）可知，在一定温度下，甘汞电极的电位取决于 KCl 溶液的浓度，当 Cl^- 活度一定时，其电位值是一定的，表 5-1 给出了不同浓度 KCl 溶液制得的甘汞电极的电位值。

表 5-1　25℃时甘汞电极的电极电位

名称	KCl 溶液浓度/mol·L^{-1}	电极电位/V
饱和甘汞电极	饱和溶液	0.2438
标准甘汞电极	1.0	0.2828
0.1mol·L^{-1}甘汞电极	0.10	0.3365

电位分析法最常用的甘汞电极的 KCl 溶液为饱和溶液，称为饱和甘汞电极（SCE）。由于 KCl 的溶解度随温度而变化，电极电位与温度有关。因此，只要内充 KCl 溶液的浓度、温度一定，其电位值就保持恒定。

（3）饱和甘汞电极的使用　在使用饱和甘汞电极时，需要注意下面几个问题。

① 使用前应先取下电极下端口和上侧加液口的小胶帽，不用时戴上。

② 电极内饱和 KCl 溶液的液位应保持有足够的高度（以浸没内电极为度），不足时要补加。为了保证内参比溶液是饱和溶液，电极下端要保持有少量 KCl 晶体存在，否则必须由

上加液口补加少量 KCl 晶体。

③ 使用前应检查玻璃弯管处是否有气泡，若有气泡应及时排除掉，否则将引起电路断路或仪器读数不稳定。

④ 使用前要检查电极下端陶瓷芯毛细管是否畅通。检查方法是：先将电极外部擦干，然后用滤纸紧贴瓷芯下端片刻，若滤纸上出现湿印，则证明毛细管未堵塞。

⑤ 安装电极时，电极应垂直置于溶液中，内参比溶液的液面应较待测溶液的液面高，以防止待测溶液向电极内渗透。

⑥ 饱和甘汞电极在温度改变时常显示出滞后效应（如温度改变 8℃时，3h 后电极电位仍偏离平衡电位 $0.2 \sim 0.3 \mathrm{mV}$），因此不宜在温度变化太大的环境中使用。但若使用双盐桥型电极，加置盐桥可减小温度滞后效应所引起的电位漂移。饱和甘汞电极在 80℃ 以上时电位值不稳定，此时应改用银-氯化银电极。

⑦ 当待测溶液中含有 Ag^+、S^{2-}、Cl^- 及高氯酸等物质时，应加置 KNO_3 盐桥。

2. 银-氯化银电极

银-氯化银电极也是一种广泛应用的参比电极，它是浸在氯化钾中的涂有氯化银的银电极，其构造如图 5-4 所示。

其电极反应为：$AgCl + e^- \Longrightarrow Ag + Cl^-$

25℃时电极电位为：

$$\varphi_{AgCl/Ag} = \varphi^{\ominus}_{AgCl/Ag} - 0.0592 \lg a (Cl^-) \qquad (5\text{-}5)$$

在一定温度下银-氯化银电极的电极电位取决于 KCl 溶液中 Cl^- 的活度。在有些实验中，银-氯化银电极丝（涂有 AgCl 的银丝）可以作为参比电极直接插入反应体系，具有体积小、灵活等优点。另外，银-氯化银电极可以在高于 80℃ 的体系中使用，甘汞电极不具备这些优点。

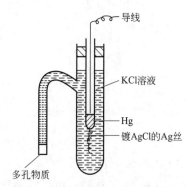

图 5-4　Ag-AgCl 电极构造示意

（二）指示电极

指示电极的作用是指示与被测物质的浓度相关的电极电位。指示电极对被测物质的指示是有选择性的，一种指示电极往往只能指示一种物质的浓度。因此，用于电位分析法的指示电极种类很多，常用的指示电极主要是金属电极和离子选择性电极两大类。

1. 金属基电极

它们的共同特点是电极反应中有电子的交换，即有氧化还原反应，可分为四类电极。

第一类电极：金属与其离子的溶液处于平衡状态所组成的电极。

用（M/M^{n+}）表示。电极反应为：$M^{n+} + ne^- \longrightarrow M$

其电极电位可由下式计算：

$$\varphi_{M^{n+}/M} = \varphi^{\ominus}_{M^{n+}/M} + \frac{0.059}{n} \ln a_{M^{n+}} \qquad (5\text{-}6)$$

例如 Ag^+/Ag 电极。

第二类电极：由金属及其难溶盐组成的电极，表示为 $M/M_n X_m$，常用的有 $Ag/AgCl$、甘汞电极（Hg/Hg_2Cl_2 电极）。

第三类电极：它由金属、该金属的难溶盐、与此难溶盐具有相同阴离子的另一难溶盐和与此难溶盐具有相同阳离子的电解质溶液所组成。

零类电极：由一种惰性金属（如 Pt）电极，表示为 Pt/氧化态，还原态。

如 Pt/Fe^{3+}，Fe^{2+}，其电极反应为：$Fe^{3+} + e \longrightarrow Fe^{2+}$，其电极电位为：

$$\varphi = \varphi^{\ominus} + 0.059 \lg \frac{a_{Fe^{3+}}}{a_{Fe^{2+}}} \tag{5-7}$$

2. 离子选择性电极（ISE）

离子选择性电极是一类具有薄膜的电极，其电极薄膜具有一定的膜电位，膜电位的大小可以指示溶液中某种离子的活度，从而可用来测定这种离子，其结构如图 5-5 所示。

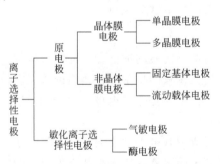

图 5-5　离子选择性电极构造示意

（1）电极构造　离子选择性电极基本上都是由薄膜、内参比电极、内参比溶液、电极腔体构成，电极腔体由玻璃或高分子聚合物材料做成，内参比电极通常为 $Ag/AgCl$ 电极，内参比溶液由氯化物及响应离子的强电解质溶液组成，敏感膜是指对离子具有高选择性的响应膜。

（2）离子选择性电极的电极电位　对阳离子选择性电极，电极电位为：

$$\varphi = K + \frac{0.059}{n} \lg a_{M} \tag{5-8}$$

对阴离子选择性电极，电极电位为：

$$\varphi = K - \frac{0.059}{n} \lg a_{N} \tag{5-9}$$

式中，φ 为离子选择性电极的电极电位；K 为常数；a_M、a_N 为阳离子和阴离子的活度；n 为离子的电荷数。

（3）离子选择性电极的种类　由于离子选择性电极敏感膜的性质、材料和形式不同，所以可以按下列方式进行分类：

离子选择性电极
- 原电极
  - 晶体膜电极
    - 单晶膜电极
    - 多晶膜电极
  - 非晶体膜电极
    - 固定基体电极
    - 流动载体电极
- 敏化离子选择性电极
  - 气敏电极
  - 酶电极

五、pH 测定

（一）pH 玻璃膜电极

1. pH 玻璃膜电极的结构

pH 玻璃膜电极属于非晶体膜电极中的固定基体电极，是常用的离子选择性电极。它是最早使用、最重要和使用最广泛的氢离子指示电极，用于测量各种溶液的 pH，如图 5-6 所示。

现在不少商品的 pH 玻璃电极制成复合电极（如图 5-7 所示），它集指示电极和外参比电极于一体，使用起来更为方便和牢靠。

2. pH 玻璃膜电极膜电位的产生

pH 玻璃电极的玻璃膜由 SiO_2、Na_2O 和 CaO 熔融制成。当电极浸入水溶液中时，玻璃外表面吸收水产生溶胀，形成很薄的水合硅胶层（见图 5-8）。水合硅胶层只容许 H$^+$ 扩散进入玻璃结构的空隙，并与 Na$^+$ 发生交换反应。

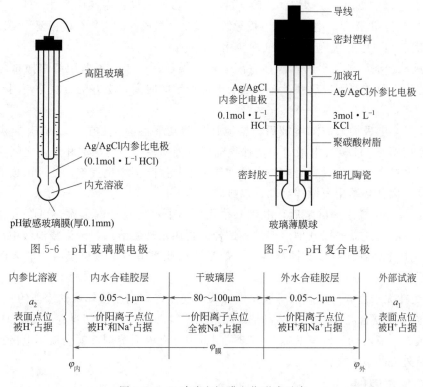

图 5-6 pH 玻璃膜电极   图 5-7 pH 复合电极

图 5-8 pH 玻璃电极膜电位形成示意

当玻璃电极外膜与待测溶液接触时，由于水合硅胶层表面与溶液中 H$^+$ 的活度不同，H$^+$ 便从活度大的一侧向活度小的一侧迁移。这就改变了水合硅胶层和溶液两相界面的电荷分布，产生了外相界电位。玻璃电极内膜与内参比溶液同样也产生内相界电位。可见，玻璃电极两侧的相界电位的产生不是由于电子得失，而是由于 H$^+$ 在溶液和玻璃水化层界面之间转移的结果。根据热力学推导，25℃时，玻璃电极内外膜电位可表示为：

$$\varphi_{膜} = \varphi_{外} - \varphi_{内} = 0.0592\lg a_{H^+(外)}/a_{H^+(内)} \tag{5-10}$$

式中，$\varphi_{外}$ 是外膜电位；$\varphi_{内}$ 是内膜电位；$a_{H^+(外)}$ 是外部待测溶液 H$^+$ 的活度；$a_{H^+(内)}$ 是内参比溶液 H$^+$ 的活度。由于内参比溶液的 H$^+$ 活度 $a_{H^+(内)}$ 恒定，因此，25℃时，式(5-10)可表示为：

$$\varphi_{膜} = K' + 0.0592\lg a_{H^+(外)} = K' - 0.0592pH_{外} \tag{5-11}$$

式中，K' 由玻璃膜电极本身的性质决定，对于某一确定的玻璃电极，其 K' 是一个常数。由式(5-11)可以看出，在一定温度下，玻璃电极的膜电位与外部溶液的 pH 呈线性关系。

从以上分析可以看到，pH 玻璃电极膜电位是由于玻璃膜上的 Na$^+$ 与水溶液中的 H$^+$ 以及玻璃水化层中氢 H$^+$ 与溶液中 H$^+$ 之间交换的结果。

3. 不对称电位

根据式(5-11)，当玻璃膜内、外溶液氢离子活度相同时，$\varphi_{膜}$ 应为零，但实际上测量表明 $\varphi_{膜} \neq 0$，玻璃膜两侧仍存在几到几十毫伏的电位差，这是由于玻璃膜内、外结构和表面张力性质的微小差异而产生的，称为玻璃电极的不对称电位 $\varphi_{不}$。当玻璃电极在水溶液中长时间浸泡后，可使 $\varphi_{不}$ 达到恒定值，合并于式(5-11)的常数 K' 中。

4. pH 复合电极的使用

pH 复合电极主要由电极球泡、玻璃支持杆、内参比电极、内参比溶液、外壳、外参比电极、外参比溶液、液接界、电极帽、电极导线、插口等组成。使用复合电极要注意以下几点。

① 球泡前端不应有气泡，如有气泡应用力甩去。

② 电极从浸泡瓶中取出后，应在去离子水中晃动并甩干，不要用纸巾擦拭球泡，否则由于静电感应电荷转移到玻璃膜上，会延长电势稳定的时间，更好的方法是使用被测溶液冲洗电极。

③ pH 复合电极插入被测溶液后，要搅拌晃动几下再静止放置，这样会加快电极的响应。尤其使用塑壳 pH 复合电极时，搅拌晃动要厉害一些，因为球泡和塑壳之间会有一个小小的空腔，电极浸入溶液后有时空腔中的气体来不及排除会产生气泡，使球泡或液接界与溶液接触不良，因此必须用力搅拌晃动，以排除气泡。

④ 在黏稠性试样中测试之后，电极必须用去离子水反复冲洗多次，以除去黏附在玻璃膜上的试样。有时还需先用其他溶剂洗去试样，再用水洗去溶剂，浸入浸泡液中活化。

⑤ 避免接触强酸强碱或腐蚀性溶液，如果测试此类溶液，应尽量减少浸入时间，用后仔细清洗干净。

⑥ 避免在无水乙醇、浓硫酸等脱水性介质中使用，它们会损坏球泡表面的水合凝胶层。

⑦ 塑壳 pH 复合电极的外壳材料是聚碳酸酯塑料（PC），PC 塑料在有些溶剂中会溶解，如四氯化碳、三氯乙烯、四氢呋喃等，如果测试中含有以上溶剂，就会损坏电极外壳，此时应改用玻璃外壳的 pH 复合电极。

（二）pH 测定原理

1. 测定 pH 的工作电池

pH 是氢离子活度的负对数，即 $pH=-\lg a_{H^+}$。测定溶液的 pH 通常用 pH 玻璃电极作指示电极（负极），甘汞电极作参比电极（正极），与待测溶液组成工作电池，用精密毫伏计测量电池的电动势（如图 5-9 所示）。

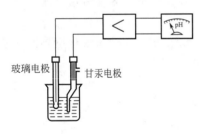

图 5-9　pH 的电位法测定示意

工作电池可表示为：玻璃电极 ∣ 试液 ∥ 甘汞电极

25℃时工作电池的电动势为：$E=\varphi_{SCE}-\varphi_{玻}=\varphi_{SCE}-K_{玻}+0.0592pH_{试}$

由于 φ_{SCE}，$K_{玻}$ 在一定条件下为常数，上式可表示为：

$$E=K'+0.0592pH_{试} \qquad (5-12)$$

可见，测定溶液 pH 的工作电池的电动势 E 与试液的 pH 呈线性关系，据此可以进行溶液 pH 的测量。

2. 溶液 pH 的测定

式(5-12)中 K' 值很难得到，因此不能用此式直接计算 pH。实际工作中，溶液 pH 的测量通常采用与已知 pH 的标准缓冲溶液相比较的方法进行。即测定一标准缓冲溶液（pH_s）的电动势 E_s，然后测定未知溶液（pH_x）的电动势 E_x。

25℃时，E_s 和 E_x 分别为：

$$E_s=K'_s+0.0592pH_s$$

$$E_x = K'_x + 0.0592 \mathrm{pH}_x$$

在同一测量条件下，采用同一支 pH 玻璃电极和 SCE，则上二式中 $K'_s = K'_x$，两式相减可得到：

$$\mathrm{pH}_x = \mathrm{pH}_s + \frac{E_x - E_s}{0.0592} \tag{5-13}$$

式中，pH_s 为已知值，测量出 E_x、E_s 即可求出 pH_x。通常将式 (5-13) 称为 pH 实用定义或 pH 标度。由于式 (5-13) 是在假定 $K'_s = K'_x$ 的情况下得出的，而实际测量过程中往往因为某些因素的改变（如试液与标准缓冲液的 pH 或成分的变化、温度的变化等），导致 K' 值发生变化。为了减少测量误差，测量过程应尽可能使溶液的温度保持恒定，并且应选用 pH 与待测溶液相近的标准缓冲溶液（按 GB 9724—88 规定，所用标准缓冲液的 pH_s 和待测溶液的 pH_x 相差应在 3 个 pH 单位以内）。

由此可以看出，未知溶液的 pH 与未知溶液的电位值呈线性关系。这种测定方法实际上是一种标准曲线法，标定仪器的过程实际上就是用标准缓冲溶液校准标准曲线的截距，温度校准则是调整曲线的斜率。实际工作中，用 pH 计测量 pH 时，先用 pH 标准溶液对仪器进行定位，然后测量试液，从仪表上直接读出试液的 pH。实验常用标准缓冲溶液的 pH 见表 5-2。

表 5-2　标准缓冲溶液在通常温度下的 pH

试剂	浓度 $c/\mathrm{mol} \cdot \mathrm{L}^{-1}$	pH					
		10℃	15℃	20℃	25℃	30℃	35℃
四草酸钾	0.05	1.67	1.67	1.68	1.68	1.68	1.69
酒石酸氢钾	饱和	—	—	—	3.56	3.55	3.55
邻苯二甲酸氢钾	0.05	4.00	4.00	4.00	4.00	4.01	4.02
磷酸氢二钠 磷酸氢二钾	0.025 0.025	6.92	6.90	6.88	6.86	6.86	6.84
四硼酸钠	0.01	9.33	9.28	9.23	9.18	9.14	9.11
氢氧化钙	饱和	13.01	12.82	12.64	12.46	12.29	12.13

注：表中数据引自国家标准 GB 11076—89。

一般实验室常用的标准缓冲物质是邻苯二甲酸氢钾、混合磷酸盐（$\mathrm{KH_2PO_4}$-$\mathrm{Na_2HPO_4}$）及四硼酸钠。目前市场上销售的"成套 pH 缓冲剂"就是上述三种物质的小包装产品，使用很方便。配制时不需要干燥和称量，直接将袋内试剂全部溶解稀释至一定体积（一般为 250mL）即可使用。

 习题

1. 在电位分析法中作为指示电极，其电位值与被测离子的活（浓）度的关系是（　　）。

A. 无关　　　　　　　　　　　　　B. 成正比

C. 与被测离子活（浓）度的对数成正比　　D. 符合能斯特方程。

2. 关于 pH 玻璃电极膜电位的产生原因，下列说法何种是正确的（　　）。

A. 氢离子在玻璃表面还原而传递电子

B. 钠离子在玻璃膜中移动

C. 氢离子穿透玻璃膜而使膜内外氢离子产生浓度差

D. 氢离子在玻璃膜表面进行离子交换和扩散的结果

3. 玻璃电极在使用前一定要在水中浸泡几小时，目的在于（　　）。

A. 清洗电极　　　　B. 活化电极　　　　C. 校正电极　　　　D. 检查电极好坏

4. pHS-2 型酸度计是由（　　）电极组成的工作电池。

A. 甘汞电极-玻璃电极　　　　　　　　B. 银-氯化银-玻璃电极

C. 甘汞电极-银-氯化银　　　　　　　　D. 甘汞电极-单晶膜电极

5. 测定 pH 的指示电极为（　　）。

A. 标准氢电极　　　　B. 玻璃电极　　　　C. 甘汞电极　　　　D. 银-氯化银电极

6. pH 玻璃电极产生的不对称电位来源于（　　）。

A. 内外玻璃膜表面特性不同　　　　　　B. 内外溶液中 H^+ 浓度不同

C. 内外溶液的 H^+ 活度系数不同　　　　D. 内外参比电极不一样

7. 玻璃膜电极能测定溶液 pH 是因为（　　）。

A. 在一定温度下玻璃膜电极的膜电位与试液 pH 成直线关系

B. 玻璃膜电极的膜电位与试液 pH 成直线关系

C. 在一定温度下玻璃膜电极的膜电位与试液中氢离子浓度成直线关系

D. 在 25℃时，玻璃膜电极的膜电位与试液 pH 成直线关系

8. 在 25℃时，标准溶液与待测溶液的 pH 变化一个单位，电池电动势的变化为（　　）。

A. 0.058V　　　　B. 58V　　　　C. 0.059V　　　　D. 59V

9. 玻璃电极的内参比电极是（　　）。

A. 银电极　　　　B. 氯化银电极　　　　C. 铂电极　　　　D. 银-氯化银电极

10. 在一定条件下，电极电位恒定的电极称为（　　）。

A. 指示电极　　　　B. 参比电极　　　　C. 膜电极　　　　D. 惰性电极

11. pH 计在测定溶液的 pH 时，选用温度为（　　）。

A. 25℃　　　　B. 30℃　　　　C. 任何温度　　　　D. 被测溶液的温度

12. 用酸度计以浓度直读法测试液的 pH，先用与试液 pH 相近的标准溶液（　　）。

A. 调零　　　　B. 消除干扰离子　　　　C. 定位　　　　D. 减免迟滞效应

13. 在实验测定溶液 pH 时，都是用标准缓冲溶液来校正电极，其目的是消除何种的影响（　　）。

A. 不对称电位　　　　　　　　　　　　B. 液接电位

C. 温度　　　　　　　　　　　　　　　D. 不对称电位和液接电位

14. 玻璃电极在使用时，必须浸泡 24h 左右，其目的是（　　）。

A. 消除内外水化胶层与干玻璃层之间的两个扩散电位

B. 减小玻璃膜和试液间的相界电位 $E_{内}$

C. 减小玻璃膜和内参比液间的相界电位 $E_{外}$

D. 减小不对称电位，使其趋于一稳定值

15. 298K 时将 Ag 电极浸入浓度为 $1 \times 10^{-3} mol \cdot L^{-1} AgNO_3$ 溶液中，计算该银电极的电极电位。若银电极的电极电位为 0.500V，则 $AgNO_3$ 溶液的浓度为多少？

16. pH 玻璃电极和饱和甘汞电极组成工作电池，25℃时测定 pH＝9.18 的硼酸标准溶液时，电池电动势是 0.220V；而测定一未知 pH 试液时，电池电动势是 0.180V，求未知试液 pH。

17. 玻璃电极使用前应如何处理？使用甘汞电极时应注意什么？符合电极使用和维护注意事项是什么？

18. 电位法测定水溶液pH，为什么要进行温度补偿和斜率补偿？

知识窗

正确浸泡 pH 复合电极

　　pH电极使用前必须浸泡，因为pH球泡是一种特殊的玻璃膜，在玻璃膜表面有一很薄的水合凝胶层，它只有在充分湿润的条件下才能与溶液中的H^+有良好的响应。同时，玻璃电极经过浸泡，可以使不对称电势大大下降并趋向稳定。pH玻璃电极一般可以用蒸馏水或pH4缓冲溶液浸泡。通常使用pH4缓冲液更好一些，浸泡时间8～24h或更长，根据球泡玻璃膜厚度、电极老化程度而不同。同时，参比电极的液接界也需要浸泡。因为如果液接界干涸会使液接界电势增大或不稳定，参比电极的浸泡液必须和参比电极的外参比溶液一致，浸泡时间一般几小时即可。因此，对pH复合电极而言，就必须浸泡在含KCl的pH4缓冲液中，这样才能对玻璃球泡和液接界同时起作用。这里要特别提醒注意，因为过去人们使用单支的pH玻璃电极已习惯于用去离子水或pH4缓冲液浸泡，后来使用pH复合电极时依然采用这样的浸泡方法，甚至在一些不正确的pH复合电极的使用说明书中也会进行这种错误的指导。这种错误的浸泡方法引起的直接后果就是使一支性能良好的pH复合电极变成一支响应慢、精度差的电极，而且浸泡时间越长性能越差，因为经过长时间的浸泡，液接界内部（例如砂芯内部）的KCl浓度已大大降低，使液接界电势增大和不稳定。当然，只要在正确的浸泡溶液中重新浸泡数小时，电极还是会复原的。

　　另外，pH电极也不能浸泡在中性或碱性的缓冲溶液中，长期浸泡在此类溶液中会使pH玻璃膜响应迟钝。正确的pH电极浸泡液的配制：取pH4.00缓冲剂（250mL）一包，溶于250mL纯水中，再加入56g分析纯KCl，适当加热，搅拌至完全溶解即成。

实训任务　直接电位法测定水溶液的 pH

任务来源

　　溶液的pH与科研、生产和生活息息相关，粗略的pH测量可用pH试纸，精确测量常采用电位分析法。

实训思路

　　酸度计准备 ➡ 标准缓冲溶液的配制 ➡ 酸度计的校准 ➡ 水溶液测定

仪器准备

　　梅特勒-托利多（Delta320-S）pH 计（或其他类型酸度计）；pH 复合电极；电磁搅拌

器；塑料烧杯（100mL）；温度计。

试剂准备

（1）邻苯二甲酸氢钾标准缓冲液（pH=4.00）。

（2）混合磷酸盐标准缓冲液（pH=6.86）。

（3）硼砂标准缓冲液（pH=9.18）。

（4）$3mol \cdot L^{-1}$氯化钾溶液（外参比溶液）：称取55.9g分析纯氯化钾，用去离子水配成250mL，摇匀待用。

实训步骤

一、酸度计的准备

1. 开机：接通酸度计电源，按下电源开关，预热仪器30min。

2. 电极准备：取下复合电极上的电极套，必要时补$3mol \cdot L^{-1}$KCl溶液。如有脏物污染，应将电极的测量端浸于$0.5mol \cdot L^{-1}$盐酸溶液中5min或无水乙醇（或能溶解有机物的溶剂）中15min，取出后用去离子水清洗，浸于$3mol \cdot L^{-1}$KCl溶液中浸泡4h后，再用去离子水清洗电极，用滤纸吸去电极上的水，并安装好电极。

二、标准缓冲溶液的配制

直接用市场上买来的缓冲试剂溶解于装有去离子水的100mL烧杯中，然后定容于规定体积的容量瓶中即可，摇匀待用。

三、酸度计的校准（可参照仪器的使用说明）

1. 温度补偿或温度校准　将酸度计调至温度补偿的模式下，设定好所需的温度，并将设置好的温度保存，不要变动，否则要重新设置。

2. pH复合电极校准（两点校准）

（1）第一点校准　将酸度计调至校准的模式下，把电极放入装有60mL左右的pH=6.86缓冲溶液的100mL塑料烧杯中，同时在烧杯中放入磁子，以备测量时起搅拌作用，促使电极的平衡，开动电磁搅拌器开关，进行测量，待缓冲溶液pH稳定后停止搅拌，读数。结束后，移去烧杯，用去离子水清洗电极和磁子，并用滤纸吸干电极外壁的水。

（2）第二点校准　把洗净的电极和磁子放入其他缓冲溶液（与待测试液pH相近）中进行测量，待第二种缓冲溶液pH稳定后，停止搅拌并读数。仪器会自动显示电极的斜率值，斜率在90%～100%时表示状态良好，否则电极要再进行处理或更换。

四、测定待测溶液的pH

1. 取一干净的100mL塑料烧杯，用少量待测溶液洗涤三次后，然后倒入60mL左右的待测液，把洗净的电极和磁子放入待测液中，打开电磁搅拌器开关，进行测量，待数值稳定后停止搅拌并读数，数值即为待测溶液的pH，如图5-10所示。平行测定三次。

2. 若要进行另一试样的测量，且相差大于3个pH单位，则需要重新校准酸度计，按实验步骤三酸度计的校准进行重新校准，若相差小于3个pH单位，一般可以不需重新校准。

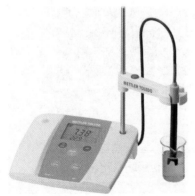

图5-10　pH复合电极测水溶液的pH

五、实验结束

实验完成后，关闭仪器，拔出电源开关，清洗干净各实验用品和电极，并妥善保存（或交于实训指导老师）。整理好实验台，准确数据处理。

注意事项

（1）磁子在进行搅拌时，不能与电极相碰，复合电极球泡极薄易破。

（2）电极不能接触到杯底，插入的深度以浸没到球泡（测量端）为限。

（3）待测试液的温度应与缓冲溶液的温度相近，否则会使测量结果不准确。

结果与讨论

（1）记录溶液的温度，"温度补偿或校准"的作用是什么？

（2）记录电极的斜率值。

（3）记录平等测定的溶液的 pH，并计算溶液 pH 的平均值。

（4）测量前，为什么要进行电极校准？

（5）测量时，溶液为什么要搅拌？

项目二
直接电位法测氟离子含量

📢 技能目标

掌握氟离子选择性电极的使用；掌握标准曲线法和标准加入法测定水中的氟含量；熟悉离子计的使用。

📢 知识目标

理解直接电位法测定离子含量的原理，总离子强度调节缓冲溶液的作用；掌握如何选择测量的方法。

📢 实训任务

选择性电极法测定天然水中的 F^-。

> 饮水加氟可以预防龋齿，并被美国疾病控制与预防中心（CDC）认为是"20世纪十大公共健康成就之一"。饮水加氟也受到过质疑，如何测定水中的 F^-？

一、测定原理

与 pH 的电位法测定相似，离子活（浓）度的电位法测定也是将对待测离子有响应的离子选择性电极与参比电极浸入待测溶液组成工作电池，并用仪器测量其电池电动势（如图 5-11 所示）。

例如，用氟离子选择性电极测定 F^- 的活（浓）度，其工作电池为：

SCE ∥ 试液（$a_{F^-} = x$）∣ 氟离子选择性电极

则 25℃时，电池电动势与 a_{F^-} 或 pF（$pF = -\lg a_{F^-}$）的关系为：

$$E = K' - \lg a_{F^-} \tag{5-14}$$

或

$$E = K' + 0.0592 pF \tag{5-15}$$

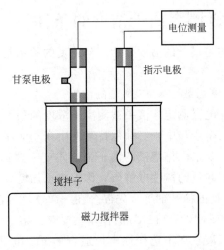

图 5-11　离子活（浓）度的电位法测定装置

式中，K' 在一定实验条件下为一常数。

25℃时，用各种离子选择性电极测定与其响应的相应离子的活度时可用下列通式：

$$E=K'\pm\frac{0.0592}{n}\lg a_i \tag{5-16}$$

当离子选择性电极作正极时，对阳离子响应的电极，K' 后面一项取正值，对阴离子响应的电极，K' 后面一项取负值。由此可见，所组成电池的电动势与待测离子的活度的对数呈线性关系，通过测定电动势可以测定待测离子的活（浓）度。

二、工作电极

（一）参比电极（甘汞电极）

略。

（二）指示电极（氟离子选择性电极）

氟离子选择性电极是典型的单晶膜电极，其结构如图 5-12 所示，电极膜为 LaF_3 单晶，为了改善导电性，晶体中还掺入少量的 EuF_2 和 CaF_2。单晶膜封在硬塑料管的一端，管内装有 $0.1mol \cdot L^{-1}NaF\text{-}0.1mol \cdot L^{-1}NaCl$ 溶液作内参比溶液，以 $Ag\text{-}AgCl$ 电极作内参比电极。

当氟离子选择性电极插入含 F^- 的溶液中时，F^- 在膜表面交换。溶液中 F^- 活度较高时，F^- 可以进入单晶的空穴，单晶表面 F^- 也可进入溶液。由此产生的膜电位与溶液中 F^- 活度的关系在 F^- 活度为 $1\sim10^{-6}mol \cdot L^{-1}$ 范围内遵守能斯特方程式。

25℃时膜电位为：$\varphi_{膜}=K'+0.0592pF$

氟离子选择性电极对 F^- 有很好的选择性，阴离子中除 OH^- 外，均无明显干扰。为了避免 OH^- 的干扰，测定时需要控制 pH 在 $5\sim6$ 之间。当被测溶液中存在能与 F^- 生成稳定配合物或难溶化合物的阳离子（如 Al^{3+}、Ca^{2+}）时，会造成干

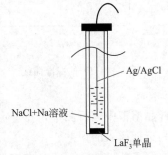

图 5-12　氟离子选择性电极

扰，需加入掩蔽剂消除。但切不可使用能与 La^{3+} 形成稳定配合物的配位剂，以免溶解 LaF_3 而使电极灵敏度降低。

三、离子选择性电极测定离子浓度的条件

离子选择性电极响应的是离子的活度，活度与浓度的关系是：

$$a_i = \gamma_i c_i \qquad (5-17)$$

式中，γ_i 为 i 离子的活度系数；c_i 为 i 离子的浓度。

因此，要用离子选择性电极测定溶液中被测离子浓度的条件是：在使用标准溶液校正电极和用此电极测定试液这两个步骤中，必须保持溶液中离子活度系数不变。由于活度系数是离子强度的函数，因此也就要求保持溶液的离子强度不变。要达到这一目的常用方法的是：在试液和标准溶液中加入相同量的惰性电解质，称为离子强度调节剂。有时将离子强度调节剂、pH 缓冲溶液和消除干扰的掩蔽剂等事先混合在一起，这种混合液称为总离子强度调节缓冲剂，其英文缩写为"TISAB"。TISAB 的作用主要有：第一，维持试液和标准溶液恒定的离子强度；第二，保持试液在离子选择性电极适合的 pH 范围内，避免 H^+ 或 OH^- 的干扰；第三，使被测离子释放成为可检测的游离离子。例如用氟离子选择性电极测定水中的 F^- 所加入的 TISAB 的组成为 NaCl（$1mol \cdot L^{-1}$）、HAc（$0.25mol \cdot L^{-1}$）、NaAc（$0.75mol \cdot L^{-1}$）及柠檬酸钠（$0.001mol \cdot L^{-1}$）。其中 NaCl 溶液用于调节离子强度；HAc-NaAc 组成缓冲体系，使溶液 pH 保持在氟离子选择性电极适合的 pH（5～5.5）范围之内；柠檬酸作为掩蔽剂消除 Fe^{3+}、Al^{3+} 的干扰。值得注意的是，所加入的 TISAB 中不能含有能被所用的离子选择性电极所响应的离子。

四、定量分析方法

1. 标准曲线法

标准曲线法是在所配制的一系列已知浓度的含待测离子的标准溶液中，依次加入相同量的 TISAB，插入离子选择性电极和参比电极，在同一条件下，测出各溶液的电动势 E，然后以所测得电动势 E 为纵坐标，以浓度 c 的对数（或负对数值）为横坐标，绘制 E-$\lg c_i$ 或 E-$(-\lg c_i)$ 的关系曲线，图 5-13 是 F^- 的标准曲线。

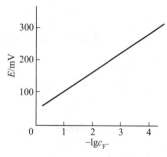

图 5-13　F^- 的标准曲线

在待测溶液中加入相同的 TISAB 溶液，并用同一对电极测定其电池电动势 E_x，再从所绘制的标准曲线上查出 E_x 所对应的 $\lg c_x$，换算为 c_x。

根据企业的要求和条件，还可以选择氟离子分析仪自动测定 F^- 含量。这种仪器能自动进样，自动进行定性和定量分析，多参数（pH/氟/硝酸盐氮）分析。仪器采用自动两点定标，斜率、截距双参数校正，保证测试结果的准确。

2. 标准加入法

分析复杂样品时宜采用标准加入法，即将标准溶液加入样品溶液中进行测定，在一定程度上可减免标准曲线法中由于标准溶液与试液的离子强度不相近而引入的误差。

具体做法是：在一定实验条件下，先测定体积为 V_x、浓度为 c_x 的试液电池的电动势 E_x，然后在其中加入浓度为 c_s，体积为 V_s 的含待测离子的标准溶液（要求：V_s 约为试液体积的 $1/100$，而 c_s 则为 c_x 的 100 倍左右），在同一实验条件下再测其电池的电动势 E_{x+s}，则 25℃时：

$$E_x = K' + \frac{0.0592}{n} \lg r c_x$$

式中，r 为离子活度；n 为离子的电荷数。

同理
$$E_{x+s} = k' + \frac{0.0592}{n} \lg r'(c_x + \Delta c)$$

式中，r' 为加入标准溶液后，溶液离子活度系数；Δc 为加入标准溶液后，试液浓度的增量，

其值为
$$\Delta c = \frac{c_s V_s}{V_x + V_s}$$

由于
$$V_s \ll V_x, \text{则 } \Delta c = \frac{c_s V_s}{V_x} \tag{5-18}$$

由于 $r \approx r'$，则 $\Delta E = \frac{0.0592}{n} \lg \frac{c_x + \Delta c}{c_x}$

令
$$S = \frac{0.0592}{n}, \text{则 } c_x = \Delta c(10^{\Delta E/S} - 1)^{-1} \tag{5-19}$$

25℃下，$n = 1$ 时，$S = 59.2\text{mV}$，并且上述公式对阴离子和阳离子都适用。只要测出 ΔE、S、计算出 Δc，就可以求出 c_x。

标准加入法的优点是，只需要一种标准溶液，溶液配制简便适于组成复杂的个别试样的测定，测定准确度高。不过需要提出的是，标准加入法需要在相同实验条件下测量电极的实际斜率（简便的测量方法是：在测量 E_x 后，将所测试液用空白溶液稀释一倍，再测定 E_x'），则：

$$S = \frac{|E_x' - E_x|}{\lg 2} = \frac{|E_x' - E_x|}{0.301}$$

【例 5-1】 用氯离子选择性电极测定果汁中氯化物含量时，在 100mL 的果汁中测得电动势为 -26.8mV，加入 1.00mL $0.500\text{mol} \cdot \text{L}^{-1}$ 经酸化的 NaCl 溶液，测得电动势为 -54.2mV。计算果汁中氯化物浓度（假定加入 NaCl 前后离子强度不变）。

解： 应用式(5-18)
$$\Delta c = \frac{c_s V_s}{V_x}$$

则
$$\Delta c = \frac{0.500 \times 1.00}{100}$$

利用式(5-19)
$$c_x = \Delta c(10^{\Delta E/S} - 1)^{-1}$$

则 $c_x = \frac{0.500 \times 1.00}{100} \times [10^{\frac{(54.2 - 26.8) \times 10^{-3}}{0.0592}} - 1]^{-1} = 2.63 \times 10^{-3} \text{mol} \cdot \text{L}^{-1}$。

 习题

1. 膜电极（离子选择性电极）与金属电极的区别（　　）。

A. 膜电极的薄膜并不给出或得到电子，而是选择性地让一些电子渗透

B. 膜电极的薄膜并不给出或得到电子，而是选择性地让一些分子渗透

C. 膜电极的薄膜并不给出或得到电子，而是选择性地让一些原子渗透

D. 膜电极的薄膜并不给出或得到电子，而是选择性地让一些离子渗透（包含着离子交

换过程)

2. 测定水中微量氟，最为合适的方法有（ ）。

A. 沉淀滴定法   B. 离子选择性电极法

C. 火焰光度法   D. 发射光谱法

3. 氟离子选择性电极属于（ ）。

A. 参比电极   B. 均相膜电极

C. 金属-金属难熔盐电极   D. 标准电极

4. 离子选择性电极在一段时间内不用或新电极在使用前必须进行（ ）。

A. 活化处理   B. 用被测浓溶液浸泡

C. 在蒸馏水中浸泡 24h 以上   D. 在 NaF 溶液中浸泡 24h 以上

5. 用氟离子选择性电极测定溶液中氟离子含量时，主要的干扰离子是（ ）。

A. 其他卤素离子   B. NO_3^-

C. Na^+ D. OH^-

6. 下列关于离子选择性电极描述错误的是（ ）。

A. 是一种电化学传感器   B. 由敏感膜和其他辅助部分组成

C. 在敏感膜上发生了电子转移   D. 敏感膜是关键部件，决定了选择性

7. 用氟离子选择性电极测定水中（含有微量的 Fe^{3+}、Al^{3+}、Ca^{2+}、Cl^-）的氟离子时，应选用的离子强度调节缓冲液为（ ）。

A. $0.1mol \cdot L^{-1} KNO_3$

B. $0.1mol \cdot L^{-1} NaOH$

C. $0.05mol \cdot L^{-1}$ 柠檬酸钠（pH 调至 5～6）

D. $0.1mol \cdot L^{-1} NaAc$（pH 调至 5～6）

8. 以氟化镧单晶作敏感膜的氟离子选择性电极膜电位的产生是由于（ ）。

A. 氟离子在膜表面的氧化层传递电子

B. 氟离子进入晶体膜表面的晶格缺陷而形成双电层结构

C. 氟离子穿越膜而使膜内外溶液产生浓度差而形成双电层结构

D. 氟离子在膜表面进行离子交换和扩散而形成双电层结构

9. 用氟离子电极测定试样中的 F^- 时，取水样 100.00mL，加入总离子强度缓冲调节剂，测得化学电池电动势为-125mV，加入 1.00mL 0.0100mol·L^{-1} NaF 标准溶液后，测得电动势为 $-102mV$，已知氟离子选择性电极的电极斜率 S 为 58.6mV，计算水样中 F^- 的浓度？

10. 在用离子选择性电极法测量离子浓度时，加入 TISAB 的作用是什么？

11. 在测量前氟电极应怎样处理？

12. 以 Pb^{2+} 选择性电极测定 Pb^{2+} 标准溶液，得如下数据：

$c(Pb^{2+})/mol \cdot L^{-1}$	1.00×10^{-5}	1.00×10^{-4}	1.00×10^{-3}	1.00×10^{-2}
E/mV	-208.0	-181.6	-158.0	-132.2

求：①绘制标准曲线；②若对未知试液测定得 $E = -154.0mV$，求未知试液的 Pb^{2+} 浓度。

能斯特

瓦尔特·赫尔曼·能斯特 (Walther Hermann Nernst), 1864 年 6 月 25 日生于西普鲁士的布里森, 1941 年 11 月 18 日卒于齐贝勒 (Zibelle), 德国物理化学家。1887 年毕业于维尔茨堡大学, 并获博士学位, 在那里, 他认识了阿伦尼乌斯, 并把他推荐给奥斯特瓦尔德当助手。第二年, 他得出了电极电势与溶液浓度的关系式, 即能斯特方程。

能斯特是一位法官的儿子。他诞生地点离哥白尼诞生地仅 20 英里。1887 年获维尔茨堡大学博士学位, 后来当了奥斯特瓦尔德的助手。1889 年他作为一个 25 岁的青年在物理化学上初露头角, 他将热力学原理应用到了电池上。这是自伏打在将近一个世纪以前发明电池以来, 第一次有人能对电池产生电势作出合理解释。他推导出一个简单公式, 通常称之为能斯特方程。这个方程将电池的电势同电池的各个性质联系起来。能斯特的解释已为其他更好的解释所代替, 但他的方程沿用至今。

实训任务　选择性电极法测定天然水中的 F⁻

任务来源

> 氟是人体必需的微量元素之一, 当饮用水中氟含量不足时, 易患龋齿病, 浓度高则会引起氟中毒。

实训思路

```
酸度计准备 ➡ 溶液配制 ➡ 溶液的测定 ➡ 结果分析
```

仪器准备

离子计 (或精密酸度计); 氟离子选择性电极; 饱和甘汞电极; 电磁搅拌器; 100mL 容量瓶 5 个; 10mL 移液管 2 支; 100mL 烧杯 1 个。

试剂准备

(1) 1.000×10^{-1} mol·L⁻¹F⁻标准贮备液　精确称取已烘干恒重的 NaF 4.199g, 溶于 1000mL 容量瓶中, 用去离子水稀释至标线, 摇匀。存储于聚乙烯瓶中待用。

(2) 总离子强度调节缓冲剂 (TISAB)　于 1000mL 烧杯中加入 500mL 水和 57mL 冰乙酸, 58 g NaCl, 10g 柠檬酸钠, 搅拌至溶解。然后用 6mol·L⁻¹NaOH 调至溶液的 pH=5.0～5.5, 稀释至 1000mL。

(3) 含氟离子水样。

一、离子计（或精密酸度计）的准备

1. 开机：接通离子计电源，按下电源开关，预热仪器 30min。

2. 氟离子选择性电极的准备：氟离子选择性电极在使用之前，应在 10^{-3} mol·L^{-1} NaF 溶液中活化浸泡 1～2h，然后用去离子水清洗数次，直至测得的电位为 -300mV 左右（每支电极具体数值各不同），并安装好电极。

3. 饱和甘汞电极的准备：检查电极内液位，晶体，气泡及微孔砂芯渗漏等情况，必要时要补充饱和 KCl 溶液，KCl 溶液的液位应保持有足够的高度（以浸没内电极为准），并安装好电极。

二、标准曲线法

1. 标准溶液的配制：配制 10^{-2} mol·L^{-1}、10^{-3} mol·L^{-1}、10^{-4} mol·L^{-1}、10^{-5} mol·L^{-1}、10^{-6} mol·L^{-1} 的 F$^-$ 标准溶液（内含 0.05mol·L^{-1} pH＝6 的柠檬酸钠缓冲溶液）。

具体过程：准备 5 只 100mL 容量瓶，并编好号 1、2、3、4、5 后，用 10mL 的移液管从 1.000×10^{-1} mol·L^{-1} F$^-$ 标准贮备液移取 10.00mL 于 1 号容量瓶中，并加入 10mL 的 TISAB，稀释至标线，此时 1 号瓶中溶液的浓度为 1.000×10^{-2} mol·L^{-1}，再从 1 号瓶中移取 10.00mL 的溶液于 2 号容量瓶中，同时加入 9mL 的 TISAB，稀释至标线，此时 2 号容量瓶中溶液的浓度为 1.000×10^{-3} mol·L^{-1}，依次类推，以此方法配制下去，5 号容量瓶溶液的浓度应为 1.000×10^{-6} mol·L^{-1}。

2. 标准系列溶液及水样电位的测定

（1）标准系列测定　将所配制的溶液依次倒入洁净干燥的 100mL 塑料烧杯中，同时放入一磁子，插入已准备好的电极，开动电磁搅拌器开关，依次从低浓度测定至高浓度进行测量，待电位值稳定后读数。平行测定三次，取平均值。

（2）水样的测定　准确移取 10mL 水样于 100mL 容量瓶中，加入 10mL TISAB，用去离子水稀释至标线，摇匀后，倒入 100mL 塑料烧杯中，插入已准备好的电极，开动电磁搅拌器，待电位值稳定后读数，平行测定三次，取平均值。

三、一次标准加入法

1. 配制标准溶液　用 1mL 的移液管移取 10.00mL 的 1.000×10^{-1} mol·L^{-1} F$^-$ 标准贮备液至 100mL 的容量瓶中，此时溶液的浓度为 1.000×10^{-3} mol·L^{-1}。

2. 水样电位的测定　准确移取 10mL 水样于 100mL 容量瓶中，加入 10mL TISAB，用去离子水稀释至标线，摇匀后，倒入 100mL 塑料烧杯中，插入已准备好的电极，开动电磁搅拌器，待电位值稳定后读数，平行测定三次，取平均值 E_x（此溶液不用倒掉，留用于下步实验）。

3. 标准加入法　在上步实验 2 的试液溶液中，精确加入 1.00mL 浓度为 1.000×10^{-3} mol·L^{-1} F$^-$ 标准溶液，开动电磁搅拌器，在相同的条件下测得溶液的电位值 E_{x+s}，平行测定三次，取平均值。

四、实验结束

实验完成后，关闭仪器，拔出电源开关，清洗干净各实验用品和电极，并妥善保存（或交于实训指导老师）。整理好实验台，准确数据处理。

（1）读数时应停止搅拌。

（2）测定时搅拌速度应均匀而缓慢，磁子绝对不能触碰电极。

（3）每换另一种溶液测定时，都要清洗电极和磁子，并用滤纸吸干，烧杯要用待测液润洗，以保证测定准确数据。

（4）每测完一次都要用去离子水清洗至原来空白电位值。

结果与讨论

（1）绘制标准曲线：以所测的电位 E（mV）为纵坐标，以 $\lg c_{F^-}$ 浓度的对数（或负对数 pF）为横坐标，绘制标准曲线。

（2）计算水试样中 F^- 的浓度：根据测得的 E_x 在标准曲线上找到对应的 $\lg c_{F_x^-}$ 的值，通过对数换算成 c_x，此值过小可换算成 mg·mL^{-1}。

（3）根据标准加入法的公式，求出试样溶液中 F^- 的浓度，此值过小可换算成 mg·mL^{-1}。

（4）为什么要加入总离子强度调节缓冲剂？

（5）采用标准加入法与标准曲线法有何不同，各有什么优缺点？

项目三
电位滴定法

 技能目标

掌握铂电极的使用；熟悉电位滴定装置的组装；掌握电位滴定法操作过程。

知识目标

掌握电位滴定法的基本原理；掌握电位滴定法终点的确定方法。

实训任务

电位滴定法测定亚铁含量；自动电位滴定法测定 I^- 和 Cl^- 的含量。

> 电位滴定法与化学滴定法有何不同，为何使用电位滴定法？

一、电位滴定法的基本原理

电位滴定法是利用滴定过程中电极电位的变化来确定终点的分析方法。

普通的滴定法是利用指示剂颜色的变化来指示滴定终点，电位滴定是利用电池电动势的突跃来指示终点。滴定过程中，随着滴定剂的加入，发生化学反应，待测离子或与之有关的离子活度（浓度）发生变化，指示电极的电极电位（或电池电动势）也随着发生变化。在化学计量点附近，电位（或电动势）发生突跃，由此确定滴定的终点，因此电位滴定法与一般滴定分析法的根本不同是确定终点的方法不同。

电位滴定法具有以下特点。

① 测定准确度高，相对误差可小于 0.2%。

② 可用于无法用指示剂判断终点的浑浊体系或有色溶液的测定。

③ 可用于非水溶液的测定。非水溶液的酸碱滴定，常常难找到合适的指示剂，因此电位滴定是较好的选择。

④ 可用于微量组分的测定。

⑤ 可用于连续滴定和自动滴定。

二、测量仪器的装置

进行电位滴定时，是将一个指示电极和一个参比电极浸入待测溶液中构成一个工作电池（原电池）来进行的。其中，指示电极是对待测离子的浓度变化或对产物的浓度变化有响应的电极，参比电极是具有固定电位值的电极。电位滴定的基本仪器装置如图 5-14 所示，主要由滴定管、电极、毫伏计和电磁搅拌器组成。

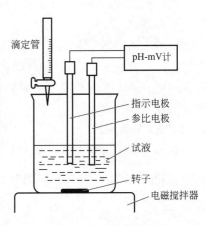

图 5-14　电位滴定装置示意

三、电位滴定终点的确定方法

（一）实验方法

进行电位滴定时，先要称取一定量试样并将其制备成试液。然后选择一对合适的电极，经适当的预处理后，浸入待测试液中，并按图 5-14 连接组装好装置。开动电磁搅拌器和毫伏计，先读取滴定前试液的电位值（读数前要关闭搅拌器），然后开始滴定。滴定过程中，每加一次一定量的滴定溶液就应测量一次电动势（或 pH），滴定刚开始时可快些，测量间隔可大些（如可每次滴入 5mL 标准滴定溶液测量一次），当标准滴定溶液滴入约为所需滴定体积的 90％的时候，测量间隔要小些。滴定进行至近化学计量点前后时，应每滴加 0.1mL 标准滴定溶液测量一次电池电动势（或 pH），直至电动势变化不大为止。记录每次滴加标准滴定溶液后滴定管读数及测得的电位或 pH。根据所测得的一系列电动势（或 pH）以及滴定消耗的体积确定滴定终点。表 5-3 内所列的是以银电极为指示电极，饱和甘汞电极为参比电极，用 0.100mol·L^{-1} $AgNO_3$ 溶液滴定 NaCl 溶液的实验数据。

表 5-3　以 0.100mol·L^{-1} $AgNO_3$ 溶液滴定含 Cl^- 溶液

加入 $AgNO_3$ 体积 V/mL	工作电池电动势 E/V	$(\Delta E/\Delta V)/V·mL^{-1}$	$\Delta^2 E/\Delta V^2$
5.0	0.062	0.002	
15.0	0.085	0.004	
20.0	0.107	0.008	
22.0	0.123	0.015	
23.0	0.138	0.016	
23.50	0.146	0.05	
23.80	0.161	0.065	2.8
24.00	0.174	0.09	4.4
24.10	0.33	0.11	−5.9
24.20	0.34	0.39	−1.3
24.30	0.233	0.83	−0.4
24.40	0.316	0.24	
24.50	0.340	0.11	
24.60	0.351	0.07	
24.70	0.358	0.05	
25.00	0.373	0.024	
25.50	0.385	0.022	
26.00	0.396		

（二）终点的确定方法

电位滴定终点的确定方法通常有三种，即 $E\text{-}V$ 曲线法、$\Delta E/\Delta V\text{-}V$ 曲线法和二阶微商法。

1. $E\text{-}V$ 曲线法

以加入滴定剂的体积 V（mL）为横坐标，以相应的电动势 E（mV）为纵坐标，绘制 $E\text{-}V$ 曲线。$E\text{-}V$ 曲线上的拐点（曲线斜率最大处）所对应的滴定体积即为终点时滴定剂所消耗的体积（V_{ep}）。如图 5-15 所示，$E\text{-}V$ 曲线法适于滴定曲线对称的情况，而对滴定突跃不十分明显的体系误差大。

2. $\Delta E/\Delta V\text{-}V$ 曲线法

此法又称一阶微商法。$\Delta E/\Delta V$ 是 E 的变化值与相应的加入标准滴定溶液体积的增量的比。

如表 5-3 中，在加入 $AgNO_3$ 体积为 24.10mL 和 24.20mL 之间，相应的 $\dfrac{\Delta E}{\Delta V}=\dfrac{0.194-0.183}{24.20-24.10}=0.11$

其对应的体积 $\Delta \overline{V}=\dfrac{24.20+24.10}{2}=24.15(\text{mL})$

用 V 对 $\Delta E/\Delta V$ 作图，可得到一呈峰状曲线（如图 5-16 所示），曲线极大值所对应的体积为滴定终点的滴定体积（即 V_{ep}）。用此法作图确定终点比较准确，但过程较麻烦。

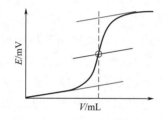

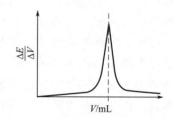

图 5-15　$E\text{-}V$ 曲线　　　　图 5-16　$\Delta E/\Delta V\text{-}V$ 曲线

3. 二阶微商法

此法依据是一阶微商曲线的极大点对应的是终点体积，则二阶微商（$\Delta^2 E/\Delta V^2$）等于零处对应的体积也是终点体积。二阶微商法有计算法和作图法两种。

（1）计算法　如表 5-3 中，加入 $AgNO_3$ 体积为 24.30mL 时，

$$\frac{\Delta^2 E}{\Delta V^2}=\frac{(\frac{\Delta E}{\Delta V})_{24.35}-(\frac{\Delta E}{\Delta V})_{24.25}}{V_{24.35}-V_{24.25}}=\frac{0.830-0.390}{24.35-24.25}=4.4$$

同理，加入 $AgNO_3$ 体积为 24.40mL 时，

$$\frac{\Delta^2 E}{\Delta V^2}=\frac{0.24-0.83}{24.45-24.35}=-5.9$$

则终点必然在 $\dfrac{\Delta^2 E}{\Delta V^2}$ 为 +4.4 和 -5.9 所对应的体积之间，即在 24.30mL 至 24.40mL 之间。

可以用内插法计算，即：

滴定体积	24.30	V_{ep}	24.40
$\Delta^2 E/\Delta V^2$	+4.4	0	-5.9

$$\frac{24.40-24.30}{-5.9-4.4}=\frac{V_{ep}-24.30}{0-4.4}$$

$$V_{ep}=24.30+\frac{0-4.4}{-5.9-4.4}\times 0.10=24.34(\text{mL})$$

（2）$\Delta^2 E / \Delta V^2 \text{-} \overline{V}$ 曲线法　以 $\Delta^2 E / \Delta V^2$ 对 $\overline{V}$ 作图，得图 5-17 曲线，曲线最高点与最低点连线与横坐标的交点（$\Delta^2 E / \Delta V^2 = 0$）即为滴定终点体积。

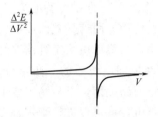

图 5-17　$\Delta^2 E / \Delta V^2 \text{-} \overline{V}$ 曲线

GB 9725—88 规定确定滴定终点可以采用二阶微商计算法，也可以用作图法，但实际工作中一般多采用二阶微商计算法求得。

四、自动电位滴定

1. 自动电位滴定仪

目前，有不少使用自动电位滴定的装置如图 5-18 所示。在滴定管末端连接可通过电磁阀的细乳胶管，此管下端接上毛细管。滴定前根据具体的滴定对象为仪器设置电位（或 pH）的终点控制值（理论计算值或滴定实验值）。滴定开始时，电位测量信号使电磁阀断续开关，滴定自动进行。电位测量值到达仪器设定值时，电磁阀自动关闭，滴定停止。

ZD-2 型自动电位滴定仪（见图 5-19）是由 ZD-2 型滴定计和 ZD-1 型滴定装置通过双头连接插塞线组合而成的。它是根据"终点电位补偿"的原理设计的。仪器能自动控制滴定速度，终点时会自动停止滴定。插在滴定液中的两个电极与控制器相连，控制器与滴定管的电磁阀相连接。进行自动电位滴定前先将仪器的比较电位调到预先用手动方法测出的终点电位上，滴定开始后至未达到终点前时，设定的终点电位与滴定池两极电位差不相等，控制器向电磁阀发出吸通信号，使滴定剂滴入被测溶液中。当接近终点时，两者的电位差值逐渐减小，电磁阀吸通时间逐渐缩短，滴定剂加入速度逐渐缓慢。到达滴定终点时设定的电位值与滴定池两极电位差相等，控制器无电位差信号输出，电磁阀关闭，终止滴定。ZD-2 型滴定计单独使用时还可以作为 pH 计或毫伏计。

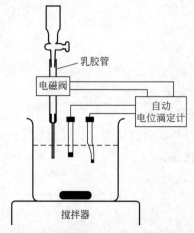

图 5-18　自动电位滴定基本装置示意

图 5-19　ZD-2 型自动电位滴定仪

2. 自动电位滴定终点的确定

自动电位滴定仪确定终点的方式通常有三种，第一种是保持滴定速度恒定，自动记录完整的 $E\text{-}V$ 滴定曲线，然后再根据前面介绍的方法确定终点。第二种是将滴定电池两极间电位差同预设置的某一终点电位差相比较，两信号差值经放大后用来控制滴定速度。近终点时滴定速度降低，终点时自动停止滴定，最后由滴定管读取终点滴定剂的消耗体积。第三种是基于在化学计量点时，滴定电池两极间电位差的二阶微分值由大降至最小，从而启动继电器，并通过电磁阀将滴定管的滴定通路关闭，再从滴定管上读出滴定终点时滴定剂消耗的体积。这种仪器不需要预先设定终点电位就可以进行滴定，自动化程度高。

 习题

1. 电位滴定法是根据（　　）来确定滴定终点的。

A. 指示剂颜色变化　　　　　　　　　B. 电极电位

C. 电位突跃　　　　　　　　　　　　D. 电位大小

2. 在电位滴定中，以 $E\text{-}V$（E 为电位，V 为滴定剂体积）作图绘制滴定曲线，滴定终点为（　　）。

A. 曲线突跃的转折点　　　　　　　　B. 曲线的最小斜率点

C. 曲线的最大斜率点　　　　　　　　D. 曲线的斜率为零时的点

3. 在电位滴定中，以 $\Delta E/\Delta V\text{-}V$ 作图绘制曲线，滴定终点为（　　）。

A. 曲线突跃的转折点　　　　　　　　B. 曲线的最大斜率点

C. 曲线的最小斜率点　　　　　　　　D. 曲线的斜率为零时的点

4. 在电位滴定中，以 $\Delta^2 E/\Delta V^2 \sim V$（$E$ 为电位，V 为滴定剂体积）作图绘制滴定曲线，滴定终点为（　　）。

A. $\Delta^2 E/\Delta V^2$ 为最正值时的点

B. $\Delta^2 E/\Delta V^2$ 为负值的点

C. $\Delta^2 E/\Delta V^2$ 为零时的点

D. 曲线的斜率为零时的点

5. 电位滴定中，用高锰酸钾标准溶液滴定 Fe^{2+}，宜选用（　　）作指示电极。

A. pH 玻璃电极　　　　　　　　　　B. 银电极

C. 铂电极　　　　　　　　　　　　　D. 氟电极

6. 用 $AgNO_3$ 标准溶液电位滴定 Cl^-、I^- 时，可以用作参比电极的是（　　）。

A. 铂电极　　　　　　　　　　　　　B. 卤化银电极

C. 饱和甘汞电极　　　　　　　　　　D. 玻璃电极

7. 电位滴定法与用指示剂指示滴定终点的滴定分析法及直接电位法有什么区别？

8. 通过本实验能体会到自动电位滴定法的哪些优点？

9. 自动电位滴定仪的操作规程。

10. 为什么可以用 $AgNO_3$ 溶液一次取样连续测定 Cl^- 和 I^- 的含量？

知识窗

瑞士万通

　　瑞士万通的发起人是 Mr Bertold Suhner，他喜欢徒步旅行，在漫步阿尔卑斯山的时候，遇到从 Ciba 著名的 Basle 公司来的一位化学专家。一切都是那么的顺理成章，作为电子工程师的他和这位化学专家共同开发了万通的第一个 pH 计——这个发明只比美国 Arnold Beckman 博士发明的第一个 pH 测量装置晚了几年。

　　从原来最简单的规模，逐步发展成为今天全方位涉足所有的离子分析技术的赫赫有名的公司，在新千年里领先于世界离子分析领域。在以往的日子里，瑞士万通曾创造了多个"第一"的辉煌：

- 1950 年，瑞士万通发明了第一支复合 pH 电极。
- 1956 年，瑞士万通开发出第一支活塞型滴定管。
- 1968 年，也就是早在 30 多年前，第一台数字化滴定仪，第一支数字化电子滴定管，在瑞士万通诞生，此项创新令世人瞩目。
- 20 多年前，瑞士万通研制出第一台 16 比特的微处理控制滴定仪。

　　早在 1954 年，瑞士万通设计出第一台应用于痕量分析的实用自动极谱仪，并且开发了一系列与仪器配套的新颖的电极。从那时起，万通一直处在这个领域的最前沿。

　　1987 年，离子分析技术产生空前的突破性进展，伏安痕量分析技术使得测量浓度低至万亿分之一的离子含量变得可行。瑞士万通将离子色谱技术简化，把操作简单但依然高效实用的离子色谱仪推向市场。十年之后，继续开发了高灵敏度、可靠安全的新型抑制器技术，这一切奠定了瑞士万通在离子色谱界崇高的地位。

实训任务 1　　电位滴定法测定亚铁含量

任务来源

　　Fe^{2+}的测定用电位滴定法来确定终点更为准确，并且电位滴定法在有色溶液的滴定分析中应用广泛。

实训思路

　　仪器准备 ➡ 溶液配制 ➡ 初步测定 ➡ 准确测定 ➡ 结果分析

仪器准备

　　酸度计；电磁搅拌器；铁芯玻璃搅拌棒若干；铂电极；饱和甘汞电极；50mL 酸式滴定管 1 支；100mL 烧杯 2 个；50mL 量筒 1 个；25mL 移液管 1 支。

（1）$c(1/6K_2Cr_2O_7)=0.1000\text{mol}\cdot L^{-1}$ $K_2Cr_2O_7$ 标准溶液：准确称取在 120℃干燥过的基准试剂重铬酸钾 4.9033g，溶于水中后，定量移入 1000mL 容量瓶中，稀释至标线。

（2）H_2SO_4-H_3PO_4 混合酸（1+1）。

（3）$w(HNO_3)=10\%$硝酸溶液。

（4）硫酸亚铁铵试液：准确称取 8.3415g $FeSO_4\cdot 7H_2O$ 于 100mL 的小烧杯中，同时加入 20mL 2mol·L^{-1} H_2SO_4，定容于 1000mL 的容量瓶中，作为试样用。

一、仪器和试液准备

1. 离子计（或精密酸度计）的准备

（1）开机：接通离子计电源，按下电源开关，预热仪器 30min。

（2）铂电极预处理：将铂电极浸入热的 $w(HNO_3)=10\%$硝酸溶液中数分钟，取出用水冲洗，干净，再用去离子水冲洗，并安装好电极。

（3）饱和甘汞电极的准备：检查电极内液位、晶体、气泡及微孔砂芯渗漏等情况，必要时要补充饱和 KCl 溶液，KCl 溶液的液位应保持足够的高度（以浸没内电极为准），并安装好电极。

2. 滴定管的准备

在洗净的酸式滴定管中加入 $K_2Cr_2O_7$ 标准滴定溶液，并将液面调至 0.00 刻线上，组装好电位滴定仪器装置。

3. 水样的准备

移取 10.00mL 试液于 250mL 烧杯中，稀释至约 50mL，再加入硫酸和磷酸混合酸 10mL，插入已准备好的电极。

二、测定步骤

1. 起始电池电动势的测定

（1）将 Pt 电极和饱和甘汞电极用电极夹固定，分别与仪器的"＋"端和"－"端相连并插入水溶液中，仪器置于 mV 挡。

（2）开动电磁搅拌器，搅拌数分钟。按下读数开关，待稳定时，读取起始电池电动势的数值。

2. 初测突跃范围

取上述水样，在不间断搅拌下自滴定管按每次 5mL 滴入 0.1000mol·L^{-1} $K_2Cr_2O_7$ 溶液，读数时停止搅拌，仔细观察电池电动势的变化和 $K_2Cr_2O_7$ 溶液的用量。当电池电动势变化较大时，放慢滴定速度，求出化学计量点的大致范围（准确到 1mL 范围内）。

滴定完用去离子水清洗电极。

3. 准确测定

另外取含 Fe^{2+} 的水样，根据初测化学计量点的大致范围，在电池电动势突跃范围前后，每次滴加 0.1mL 0.1000mol·L^{-1} $K_2Cr_2O_7$，搅拌片刻，读取并记录相应的电池电动势，这样可准确地测出电位突跃所对应的 $K_2Cr_2O_7$ 消耗溶液的体积。再重复测定一份水样。

三、实验结束

1. 实验完成后，关闭仪器，拔出电源开关，清洗干净各实验用品和电极，并妥善保存

（或交于实训指导老师）。

2. 整理好实验台，准确数据处理。

注意事项

（1）读数时应停止搅拌。

（2）每次滴定结束，均需清洗电极。如铂电极表面变黑时，用稀 HNO_3 溶液浸泡几秒，然后用去离子水冲洗，用滤纸擦去附着物。

（3）滴定过程中，接近化学计量点时，往往电位平衡比较慢，要注意读取平衡电位值。

结果与讨论

（1）准确记录实验数据。

（2）绘制滴定曲线与水样中 Fe^{2+} 含量的计算 以滴入 $K_2Cr_2O_7$ 标准溶液的用量 V（mL）为横坐标，相应的电池电动势 E（mV）为纵坐标绘制滴定曲线。用三种方法确定化学计量点对应的 $K_2Cr_2O_7$ 标准溶液的体积（mL），计算水样中 Fe^{2+} 的浓度或含量（$mol \cdot L^{-1}$ 或 $mg \cdot L^{-1}$）。

（3）比较三种确定滴定终点的方法的结果有无不同？

实训任务 2 自动电位滴定法测定 I^- 和 Cl^- 的含量

任务来源

食盐中的 Na^+ 和 Cl^- 具有维持细胞外液渗透压的作用。碘作为重要的微量元素，对人体也有重要作用，怎样同时测定 I^- 和 Cl^- 的含量呢？

实训思路

仪器准备 ➡ 手动滴定 ➡ 自动滴定 ➡ 结果分析

仪器准备

DZ-2 型自动电位滴定仪（或其他型号）；银电极；双液接饱和甘汞电极；10mL 滴定管、移液管。

试剂准备

（1）$0.1000mol \cdot L^{-1} AgNO_3$ 标准滴定溶液。

（2）含 Cl^-、I^- 的未知液。

实训步骤

一、仪器的准备

1. DZ-2 型自动电位滴定仪开机：接通自动滴定仪电源，按下电源开关，预热仪器 30min。

2. 银电极预处理：用细砂纸将表面擦亮后，再用去离子水冲洗干净，并安装好电极。

3. 饱和甘汞电极的准备：检查电极内液位、晶体、气泡及微孔砂芯渗漏等情况，必要时要补充饱和 KCl 溶液，KCl 溶液的液位应保持有足够的高度（以浸没内电极为准），并安装好电极。

4. 滴定管的准备：在洗净的酸式滴定管中装入 $0.1000mol \cdot L^{-1}$ $AgNO_3$ 标准溶液，并调好 0.00 刻度线。

二、试液中 I⁻ 和 Cl⁻ 含量的测定

1. 手动滴定求滴定终点电位

于 100mL 烧杯中移取 25.00mL 含 I⁻ 和 Cl⁻ 的试液，加入 10mL 蒸馏水，插入电极。将仪器上"选择"开关置于"mV"挡，工作开关置于"手动"位置。打开电磁搅拌器开关，调节转速，按下"读数"开关，用"校正"调节器将读数指针调至 0mV，待指针稳定后开始滴定。将工作开关置"手动"位置，用手动操作，以 $AgNO_3$ 标准滴定溶液进行滴定，每加 2.00mL 记录一次电位值，当接近两个突跃点时，每加 0.05mL 记录一次。将电位 E 对 $AgNO_3$ 滴定体积 V 作图，画出滴定曲线，并求出两个终点 E_1 和 E_2。

2. 自动滴定 Cl⁻、I⁻ 含量

将"选择"开关置"mV"挡位置，接通"读数"开关，将预定终点设定调节至第一终点 E_1 处。再将选择开关置"mV"挡位置，指针应在"0mV"处。将工作开关置"滴定"位置，滴液开关置"一"位置。开搅拌器，调节搅拌速度。按"滴定开始"开关，自动滴定开始。待滴定结束，读取 $AgNO_3$ 溶液消耗体积 V_1 并记录。同理，将预定终点设定调节至第一终点 E_2 处，测定 $AgNO_3$ 溶液消耗体积 V_2 并记录。平行测定三次。

三、实验结束

1. 实验完成后，关闭仪器，拔出电源开关，清洗干净各实验用品和电极，并妥善保存（或交于实训指导老师）。

2. 整理好实验台，准确数据处理。

注意事项

（1）测量前应准备好电极。
（2）每测一份试样前都应洗干净电极，否则测量不准确。

结果与讨论

（1）记录对应的体积和电位值，记下手动测定的两个终点 E_1 和 E_2，和两个终点的体积 V_1 和 V_2。

（2）由 $AgNO_3$ 标准溶液的浓度和滴定消耗的体积 V_1 和 V_2，计算试液中 Cl⁻ 和 I⁻ 的含量（以 $mg \cdot L^{-1}$）。

（3）自动电位滴定法、电位滴定法、直接电位法有何共同点和不同点？

（4）为什么可以用 $AgNO_3$ 溶液一次取样连续滴定 Cl⁻ 和 I⁻？

附 录

附录 I　气相色谱相对质量校正因子 (f)

物质名称	热导检测器	氢火焰离子化检测器	物质名称	热导检测器	氢火焰离子化检测器
一、正构烷			异丁烯	0.88	
甲烷	0.58	1.03	1-正丁烯	0.88	
乙烷	0.75	1.03	1-戊烯	0.91	
丙烷	0.86	1.02	1-己烯		1.01
丁烷	0.87	0.91	乙炔		0.94
戊烷	0.88	0.96	五、芳香烃		
己烷	0.89	0.97	苯*	1.00*	0.89
庚烷	0.89	1.00*	甲苯	1.02	0.94
辛烷	0.92	1.03	乙苯	1.05	0.97
壬烷	0.93	1.02	间二甲苯	1.04	0.96
二、异构烷			对二甲苯	1.04	1.00
异丁烷	0.91		邻二甲苯	1.08	0.93
异戊烷	0.91	0.95	异丙苯	1.09	1.03
2,2-二甲基丁烷	0.95	0.96	正丙苯	1.05	0.99
2,3-二甲基丁烷	0.95	0.97	联苯	1.16	
2-甲基戊烷	0.92	0.95	萘	1.19	
3-甲基戊烷	0.93	0.96	四氢化萘	1.16	
2-甲基己烷	0.94	0.98	六、醇		
3-甲基己烷	0.96	0.98	甲醇	0.75	4.35
三、环烷			乙醇	0.82	2.18
环戊烷	0.92	0.96	正丙醇	0.92	1.67
甲基环戊烷	0.93	0.99	异丙醇	0.91	1.89
环己烷	0.94	0.99	正丁醇	1.00	1.52
甲基环己烷	1.05	0.99	异丁醇	0.98	1.47
1-1-二甲基环己烷	1.02	0.99	仲丁醇	0.97	1.59
乙基环己烷	0.99	0.97	叔丁醇	0.98	1.35
环庚烷		0.99	正戊醇		1.39
四、不饱和烃			2-戊醇	1.02	
乙烯	0.75	0.98	正己醇	1.11	1.35
丙烯	0.83		正庚醇	1.16	

物质名称	热导检测器	氢火焰离子化检测器	物质名称	热导检测器	氢火焰离子化检测器
正辛醇		1.17	正丁胺	0.82	
正癸醇		1.19	正戊胺	0.73	
环己醇	1.14		正己胺	1.25	
七、醛			二乙胺		1.64
乙醛	0.87		乙腈	0.68	
丁醛		1.61	正丁腈	0.84	
庚醛		1.30	苯胺	1.05	1.03
辛醛		1.28	十三、卤素化合物		
癸醛		1.25	二氯甲烷	1.14	
八、酮			氯仿	1.41	
丙酮	0.87	2.04	四氯化碳	1.64	
甲乙酮	0.95	1.64	1,1-二氯乙烷	1.23	
二乙基酮	1.00		1,2-二氯乙烷	1.30	
3-己酮	1.04		三氯乙烯	1.45	
2-己酮	0.98		1-氯丁烷	1.10	
甲基正戊酮	1.10		1-氯戊烷	1.10	
环戊酮	1.01		1-氯己烷	1.14	
环己酮	1.01		氯苯	1.25	
九、酸			邻氯甲苯	1.27	
乙酸		4.17	氯代环己烷	1.27	
丙酸		2.50	溴乙烷	1.43	
丁酸		2.09	1-溴丙烷	1.47	
己酸		1.58	1-溴丁烷	1.47	
庚酸		1.64	2-溴戊烷	1.52	
辛酸		1.54	碘甲烷	1.89	
十、酯			碘乙烷	1.89	
乙酸甲酯		5.0	十四、杂环化合物		
乙酸乙酯	1.01	2.64	四氢呋喃	1.11	
乙酸异丙酯	1.08	2.04	吡咯	1.00	
乙酸正丁酯	1.10	1.81	吡啶	1.01	
乙酸异丁酯		1.85	四氢吡咯	1.00	
乙酸异戊酯	1.10	1.61	喹啉	0.86	
乙酸正戊酯	1.14		哌啶	1.06	
乙酸正庚酯	1.19		十五、其他		
十一、醚			水	0.70	无信号
乙醚	0.86		硫化氢	1.14	无信号
异丙醚	1.01		氨	0.54	无信号
正丙醚	1.00		二氧化碳	1.18	无信号
乙基正丁基醚	1.01		一氧化碳	0.86	无信号
正丁醚	1.04		氩	0.22	无信号
正戊醚	1.10		氮	0.86	无信号
十二、胺与腈			氧	1.02	无信号

附录 II 高效液相色谱固定相与应用

类型	代号	粒度/μm	比表面积/$m^2 \cdot g^{-1}$	孔径/nm	生产厂
1. 无定形硅胶	YWG	3~5	300	<10	青岛海洋化工厂
		5~7			
		7~10			
	LiChrosorb SI-60	5,10	550	6	E. Merk
	Patisil 5	5	400	4~5	Reeve Angel
2. 球形硅胶	YQG	3,5,7			青岛海洋化工厂
	μ-Porasil	10	400		Waters
	Adsorbosphers-HS	3,5,7	350	6	Alltech
	Spherisorb	3,5,10	220	8	Harwell
	Nucleosil-100	3,5,7	350	10	Marcherey-Nagel

附录 III 标准电极电势

表中所列的标准电极电势（25.0℃，101.325kPa）是相对于标准氢电极电势的值。标准氢电极电势被规定为零伏特（0.0V）。

序号	电极过程（Electrode process）	$E^{\ominus}$/V
1	$Ag^+ + e^- \Longrightarrow Ag$	0.7996
2	$Ag^{2+} + e^- \Longrightarrow Ag^+$	1.98
3	$AgBr + e^- \Longrightarrow Ag + Br^-$	0.0713
4	$AgBrO_3 + e^- \Longrightarrow Ag + BrO_3^-$	0.546
5	$AgCl + e^- \Longrightarrow Ag + Cl^-$	0.222
6	$AgCN + e^- \Longrightarrow Ag + CN^-$	-0.017
7	$Ag_2CO_3 + 2e^- \Longrightarrow 2Ag + CO_3^{2-}$	0.47
8	$Ag_2C_2O_4 + 2e^- \Longrightarrow 2Ag + C_2O_4^{2-}$	0.465
9	$Ag_2CrO_4 + 2e^- \Longrightarrow 2Ag + CrO_4^{2-}$	0.447
10	$AgF + e^- \Longrightarrow Ag + F^-$	0.779
11	$Ag_4[Fe(CN)_6] + 4e^- \Longrightarrow 4Ag + [Fe(CN)_6]^{4-}$	0.148
12	$AgI + e^- \Longrightarrow Ag + I^-$	-0.152
13	$AgIO_3 + e^- \Longrightarrow Ag + IO_3^-$	0.354
14	$Ag_2MoO_4 + 2e^- \Longrightarrow 2Ag + MoO_4^{2-}$	0.457
15	$[Ag(NH_3)_2]^+ + e^- \Longrightarrow Ag + 2NH_3$	0.373
16	$AgNO_2 + e^- \Longrightarrow Ag + NO_2^-$	0.564
17	$Ag_2O + H_2O + 2e^- \Longrightarrow 2Ag + 2OH^-$	0.342
18	$2AgO + H_2O + 2e^- \Longrightarrow Ag_2O + 2OH^-$	0.607
19	$Ag_2S + 2e^- \Longrightarrow 2Ag + S^{2-}$	-0.691
20	$Ag_2S + 2H^+ + 2e^- \Longrightarrow 2Ag + H_2S$	-0.0366
21	$AgSCN + e^- \Longrightarrow Ag + SCN^-$	0.0895
22	$Ag_2SeO_4 + 2e^- \Longrightarrow 2Ag + SeO_4^{2-}$	0.363
23	$Ag_2SO_4 + 2e^- \Longrightarrow 2Ag + SO_4^{2-}$	0.654
24	$Ag_2WO_4 + 2e^- \Longrightarrow 2Ag + WO_4^{2-}$	0.466

序号	电极过程（Electrode process）	$E^{\ominus}/V$
25	$Al^{3+}+3e^- \Longrightarrow Al$	-1.662
26	$AlF_6^{3-}+3e^- \Longrightarrow Al+6F^-$	-2.069
27	$Al(OH)_3+3e^- \Longrightarrow Al+3OH^-$	-2.31
28	$AlO_2^-+2H_2O+3e^- \Longrightarrow Al+4OH^-$	-2.35
29	$Am^{3+}+3e^- \Longrightarrow Am$	-2.048
30	$Am^{4+}+e^- \Longrightarrow Am^{3+}$	2.6
31	$AmO_2^{2+}+4H^++3e^- \Longrightarrow Am^{3+}+2H_2O$	1.75
32	$As+3H^++3e^- \Longrightarrow AsH_3$	-0.608
33	$As+3H_2O+3e^- \Longrightarrow AsH_3+3OH^-$	-1.37
34	$As_2O_3+6H^++6e^- \Longrightarrow 2As+3H_2O$	0.234
35	$HAsO_2+3H^++3e^- \Longrightarrow As+2H_2O$	0.248
36	$AsO_2^-+2H_2O+3e^- \Longrightarrow As+4OH^-$	-0.68
37	$H_3AsO_4+2H^++2e^- \Longrightarrow HAsO_2+2H_2O$	0.56
38	$AsO_4^{3-}+2H_2O+2e^- \Longrightarrow AsO_2^-+4OH^-$	-0.71
39	$AsS_2^-+3e^- \Longrightarrow As+2S^{2-}$	-0.75
40	$AsS_4^{3-}+2e^- \Longrightarrow AsS_2^-+2S^{2-}$	-0.6
41	$Au^++e^- \Longrightarrow Au$	1.692
42	$Au^{3+}+3e^- \Longrightarrow Au$	1.498
43	$Au^{3+}+2e^- \Longrightarrow Au^+$	1.401
44	$AuBr_2^-+e^- \Longrightarrow Au+2Br^-$	0.959
45	$AuBr_4^-+3e^- \Longrightarrow Au+4Br^-$	0.854
46	$AuCl_2^-+e^- \Longrightarrow Au+2Cl^-$	1.15
47	$AuCl_4^-+3e^- \Longrightarrow Au+4Cl^-$	1.002
48	$AuI+e^- \Longrightarrow Au+I^-$	0.5
49	$Au(SCN)_4^-+3e^- \Longrightarrow Au+4SCN^-$	0.66
50	$Au(OH)_3+3H^++3e^- \Longrightarrow Au+3H_2O$	1.45
51	$BF_4^-+3e^- \Longrightarrow B+4F^-$	-1.04
52	$H_2BO_3^-+H_2O+3e^- \Longrightarrow B+4OH^-$	-1.79
53	$B(OH)_3+7H^++8e^- \Longrightarrow BH_4^-+3H_2O$	-0.0481
54	$Ba^{2+}+2e^- \Longrightarrow Ba$	-2.912
55	$Ba(OH)_2+2e^- \Longrightarrow Ba+2OH^-$	-2.99
56	$Be^{2+}+2e^- \Longrightarrow Be$	-1.847
57	$Be_2O_3^{2-}+3H_2O+4e^- \Longrightarrow 2Be+6OH^-$	-2.63
58	$Bi^++e^- \Longrightarrow Bi$	0.5
59	$Bi^{3+}+3e^- \Longrightarrow Bi$	0.308
60	$BiCl_4^-+3e^- \Longrightarrow Bi+4Cl^-$	0.16
61	$BiOCl+2H^++3e^- \Longrightarrow Bi+Cl^-+H_2O$	0.16
62	$Bi_2O_3+3H_2O+6e^- \Longrightarrow 2Bi+6OH^-$	-0.46
63	$Bi_2O_4+4H^++2e^- \Longrightarrow 2BiO^++2H_2O$	1.593
64	$Bi_2O_4+H_2O+2e^- \Longrightarrow Bi_2O_3+2OH^-$	0.56
65	$Br_2(水溶液,aq)+2e^- \Longrightarrow 2Br^-$	1.087
66	$Br_2(液体)+2e^- \Longrightarrow 2Br^-$	1.066
67	$BrO^-+H_2O+2e^- \Longrightarrow Br^-+2OH^-$	0.761

序号	电极过程（Electrode process）	$E^{\ominus}/V$
68	$BrO_3^- + 6H^+ + 6e^- = Br^- + 3H_2O$	1.423
69	$BrO_3^- + 3H_2O + 6e^- = Br^- + 6OH^-$	0.61
70	$2BrO_3^- + 12H^+ + 10e^- = Br_2 + 6H_2O$	1.482
71	$HBrO + H^+ + 2e^- = Br^- + H_2O$	1.331
72	$2HBrO + 2H^+ + 2e^- = Br_2(水溶液，aq) + 2H_2O$	1.574
73	$CH_3OH + 2H^+ + 2e^- = CH_4 + H_2O$	0.59
74	$HCHO + 2H^+ + 2e^- = CH_3OH$	0.19
75	$CH_3COOH + 2H^+ + 2e^- = CH_3CHO + H_2O$	-0.12
76	$(CN)_2 + 2H^+ + 2e^- = 2HCN$	0.373
77	$(CNS)_2 + 2e^- = 2CNS^-$	0.77
78	$CO_2 + 2H^+ + 2e^- = CO + H_2O$	-0.12
79	$CO_2 + 2H^+ + 2e^- = HCOOH$	-0.199
80	$Ca^{2+} + 2e^- = Ca$	-2.868
81	$Ca(OH)_2 + 2e^- = Ca + 2OH^-$	-3.02
82	$Cd^{2+} + 2e^- = Cd$	-0.403
83	$Cd^{2+} + 2e^- = Cd(Hg)$	-0.352
84	$Cd(CN)_4^{2-} + 2e^- = Cd + 4CN^-$	-1.09
85	$CdO + H_2O + 2e^- = Cd + 2OH^-$	-0.783
86	$CdS + 2e^- = Cd + S^{2-}$	-1.17
87	$CdSO_4 + 2e^- = Cd + SO_4^{2-}$	-0.246
88	$Ce^{3+} + 3e^- = Ce$	-2.336
89	$Ce^{3+} + 3e^- = Ce(Hg)$	-1.437
90	$CeO_2 + 4H^+ + e^- = Ce^{3+} + 2H_2O$	1.4
91	$Cl_2(气体) + 2e^- = 2Cl^-$	1.358
92	$ClO^- + H_2O + 2e^- = Cl^- + 2OH^-$	0.89
93	$HClO + H^+ + 2e^- = Cl^- + H_2O$	1.482
94	$2HClO + 2H^+ + 2e^- = Cl_2 + 2H_2O$	1.611
95	$ClO_2^- + 2H_2O + 4e^- = Cl^- + 4OH^-$	0.76
96	$2ClO_3^- + 12H^+ + 10e^- = Cl_2 + 6H_2O$	1.47
97	$ClO_3^- + 6H^+ + 6e^- = Cl^- + 3H_2O$	1.451
98	$ClO_3^- + 3H_2O + 6e^- = Cl^- + 6OH^-$	0.62
99	$ClO_4^- + 8H^+ + 8e^- = Cl^- + 4H_2O$	1.38
100	$2ClO_4^- + 16H^+ + 14e^- = Cl_2 + 8H_2O$	1.39
101	$Cm^{3+} + 3e^- = Cm$	-2.04
102	$Co^{2+} + 2e^- = Co$	-0.28
103	$[Co(NH_3)_6]^{3+} + e^- = [Co(NH_3)_6]^{2+}$	0.108
104	$[Co(NH_3)_6]^{2+} + 2e^- = Co + 6NH_3$	-0.43
105	$Co(OH)_2 + 2e^- = Co + 2OH^-$	-0.73
106	$Co(OH)_3 + e^- = Co(OH)_2 + OH^-$	0.17
107	$Cr^{2+} + 2e^- = Cr$	-0.913
108	$Cr^{3+} + e^- = Cr^{2+}$	-0.407
109	$Cr^{3+} + 3e^- = Cr$	-0.744
110	$[Cr(CN)_6]^{3-} + e^- = [Cr(CN)_6]^{4-}$	-1.28

序号	电极过程(Electrode process)	$E^{\ominus}/V$
111	$Cr(OH)_3+3e^-\rightleftharpoons Cr+3OH^-$	-1.48
112	$Cr_2O_7^{2-}+14H^++6e^-\rightleftharpoons 2Cr^{3+}+7H_2O$	1.232
113	$CrO_2^-+2H_2O+3e^-\rightleftharpoons Cr+4OH^-$	-1.2
114	$HCrO_4^-+7H^++3e^-\rightleftharpoons Cr^{3+}+4H_2O$	1.35
115	$CrO_4^{2-}+4H_2O+3e^-\rightleftharpoons Cr(OH)_3+5OH^-$	-0.13
116	$Cs^++e^-\rightleftharpoons Cs$	-2.92
117	$Cu^++e^-\rightleftharpoons Cu$	0.521
118	$Cu^{2+}+2e^-\rightleftharpoons Cu$	0.342
119	$Cu^{2+}+2e^-\rightleftharpoons Cu(Hg)$	0.345
120	$Cu^{2+}+Br^-+e^-\rightleftharpoons CuBr$	0.66
121	$Cu^{2+}+Cl^-+e^-\rightleftharpoons CuCl$	0.57
122	$Cu^{2+}+I^-+e^-\rightleftharpoons CuI$	0.86
123	$Cu^{2+}+2CN^-+e^-\rightleftharpoons [Cu(CN)_2]^-$	1.103
124	$CuBr_2^-+e^-\rightleftharpoons Cu+2Br^-$	0.05
125	$CuCl_2^-+e^-\rightleftharpoons Cu+2Cl^-$	0.19
126	$CuI_2^-+e^-\rightleftharpoons Cu+2I^-$	0
127	$Cu_2O+H_2O+2e^-\rightleftharpoons 2Cu+2OH^-$	-0.36
128	$Cu(OH)_2+2e^-\rightleftharpoons Cu+2OH^-$	-0.222
129	$2Cu(OH)_2+2e^-\rightleftharpoons Cu_2O+2OH^-+H_2O$	-0.08
130	$CuS+2e^-\rightleftharpoons Cu+S^{2-}$	-0.7
131	$CuSCN+e^-\rightleftharpoons Cu+SCN^-$	-0.27
132	$Dy^{2+}+2e^-\rightleftharpoons Dy$	-2.2
133	$Dy^{3+}+3e^-\rightleftharpoons Dy$	-2.295
134	$Er^{2+}+2e^-\rightleftharpoons Er$	-2
135	$Er^{3+}+3e^-\rightleftharpoons Er$	-2.331
136	$Es^{2+}+2e^-\rightleftharpoons Es$	-2.23
137	$Es^{3+}+3e^-\rightleftharpoons Es$	-1.91
138	$Eu^{2+}+2e^-\rightleftharpoons Eu$	-2.812
139	$Eu^{3+}+3e^-\rightleftharpoons Eu$	-1.991
140	$F_2+2H^++2e^-\rightleftharpoons 2HF$	3.053
141	$F_2O+2H^++4e^-\rightleftharpoons H_2O+2F^-$	2.153
142	$Fe^{2+}+2e^-\rightleftharpoons Fe$	-0.447
143	$Fe^{3+}+3e^-\rightleftharpoons Fe$	-0.037
144	$[Fe(CN)_6]^{3-}+e^-\rightleftharpoons [Fe(CN)_6]^{4-}$	0.358
145	$[Fe(CN)_6]^{4-}+2e^-\rightleftharpoons Fe+6CN^-$	-1.5
146	$FeF_6^{3-}+e^-\rightleftharpoons Fe^{2+}+6F^-$	0.4
147	$Fe(OH)_2+2e^-\rightleftharpoons Fe+2OH^-$	-0.877
148	$Fe(OH)_3+e^-\rightleftharpoons Fe(OH)_2+OH^-$	-0.56
149	$Fe_3O_4+8H^++2e^-\rightleftharpoons 3Fe^{2+}+4H_2O$	1.23
150	$Fm^{3+}+3e^-\rightleftharpoons Fm$	-1.89
151	$Fr^++e^-\rightleftharpoons Fr$	-2.9
152	$Ga^{3+}+3e^-\rightleftharpoons Ga$	-0.549
153	$H_2GaO_3^-+H_2O+3e^-\rightleftharpoons Ga+4OH^-$	-1.29

序号	电极过程（Electrode process）	$E^{\ominus}/V$
154	$Gd^{3+}+3e^-\!\!=\!\!=\!\!Gd$	-2.279
155	$Ge^{2+}+2e^-\!\!=\!\!=\!\!Ge$	0.24
156	$Ge^{4+}+2e^-\!\!=\!\!=\!\!Ge^{2+}$	0
157	$GeO_2+2H^++2e^-\!\!=\!\!=\!\!GeO(棕色)+H_2O$	-0.118
158	$GeO_2+2H^++2e^-\!\!=\!\!=\!\!GeO(黄色)+H_2O$	-0.273
159	$H_2GeO_3+4H^++4e^-\!\!=\!\!=\!\!Ge+3H_2O$	-0.182
160	$2H^++2e^-\!\!=\!\!=\!\!H_2$	0
161	$H_2+2e^-\!\!=\!\!=\!\!2H^-$	-2.25
162	$2H_2O+2e^-\!\!=\!\!=\!\!H_2+2OH^-$	-0.8277
163	$Hf^{4+}+4e^-\!\!=\!\!=\!\!Hf$	-1.55
164	$Hg^{2+}+2e^-\!\!=\!\!=\!\!Hg$	0.851
165	$Hg_2^{2+}+2e^-\!\!=\!\!=\!\!2Hg$	0.797
166	$2Hg^{2+}+2e^-\!\!=\!\!=\!\!Hg_2^{2+}$	0.92
167	$Hg_2Br_2+2e^-\!\!=\!\!=\!\!2Hg+2Br^-$	0.1392
168	$HgBr_4^{2-}+2e^-\!\!=\!\!=\!\!Hg+4Br^-$	0.21
169	$Hg_2Cl_2+2e^-\!\!=\!\!=\!\!2Hg+2Cl^-$	0.2681
170	$2HgCl_2+2e^-\!\!=\!\!=\!\!Hg_2Cl_2+2Cl^-$	0.63
171	$Hg_2CrO_4+2e^-\!\!=\!\!=\!\!2Hg+CrO_4^{2-}$	0.54
172	$Hg_2I_2+2e^-\!\!=\!\!=\!\!2Hg+2I^-$	-0.0405
173	$Hg_2O+H_2O+2e^-\!\!=\!\!=\!\!2Hg+2OH^-$	0.123
174	$HgO+H_2O+2e^-\!\!=\!\!=\!\!Hg+2OH^-$	0.0977
175	$HgS(红色)+2e^-\!\!=\!\!=\!\!Hg+S^{2-}$	-0.7
176	$HgS(黑色)+2e^-\!\!=\!\!=\!\!Hg+S^{2-}$	-0.67
177	$Hg_2(SCN)_2+2e^-\!\!=\!\!=\!\!2Hg+2SCN^-$	0.22
178	$Hg_2SO_4+2e^-\!\!=\!\!=\!\!2Hg+SO_4^{2-}$	0.613
179	$Ho^{2+}+2e^-\!\!=\!\!=\!\!Ho$	-2.1
180	$Ho^{3+}+3e^-\!\!=\!\!=\!\!Ho$	-2.33
181	$I_2+2e^-\!\!=\!\!=\!\!2I^-$	0.5355
182	$I_3^-+2e^-\!\!=\!\!=\!\!3I^-$	0.536
183	$2IBr+2e^-\!\!=\!\!=\!\!I_2+2Br^-$	1.02
184	$ICN+2e^-\!\!=\!\!=\!\!I^-+CN^-$	0.3
185	$2HIO+2H^++2e^-\!\!=\!\!=\!\!I_2+2H_2O$	1.439
186	$HIO+H^++2e^-\!\!=\!\!=\!\!I^-+H_2O$	0.987
187	$IO^-+H_2O+2e^-\!\!=\!\!=\!\!I^-+2OH^-$	0.485
188	$2IO_3^-+12H^++10e^-\!\!=\!\!=\!\!I_2+6H_2O$	1.195
189	$IO_3^-+6H^++6e^-\!\!=\!\!=\!\!I^-+3H_2O$	1.085
190	$IO_3^-+2H_2O+4e^-\!\!=\!\!=\!\!IO^-+4OH^-$	0.15
191	$IO_3^-+3H_2O+6e^-\!\!=\!\!=\!\!I^-+6OH^-$	0.26
192	$2IO_3^-+6H_2O+10e^-\!\!=\!\!=\!\!I_2+12OH^-$	0.21
193	$H_5IO_6+H^++2e^-\!\!=\!\!=\!\!IO_3^-+3H_2O$	1.601
194	$In^++e^-\!\!=\!\!=\!\!In$	-0.14
195	$In^{3+}+3e^-\!\!=\!\!=\!\!In$	-0.338
196	$In(OH)_3+3e^-\!\!=\!\!=\!\!In+3OH^-$	-0.99

序号	电极过程（Electrode process）	$E^{\ominus}$/V
197	$Ir^{3+}+3e^-{=\!=\!=}Ir$	1.156
198	$IrBr_6^{2-}+e^-{=\!=\!=}IrBr_6^{3-}$	0.99
199	$IrCl_6^{2-}+e^-{=\!=\!=}IrCl_6^{3-}$	0.867
200	$K^++e^-{=\!=\!=}K$	-2.931
201	$La^{3+}+3e^-{=\!=\!=}La$	-2.379
202	$La(OH)_3+3e^-{=\!=\!=}La+3OH^-$	-2.9
203	$Li^++e^-{=\!=\!=}Li$	-3.04
204	$Lr^{3+}+3e^-{=\!=\!=}Lr$	-1.96
205	$Lu^{3+}+3e^-{=\!=\!=}Lu$	-2.28
206	$Md^{2+}+2e^-{=\!=\!=}Md$	-2.4
207	$Md^{3+}+3e^-{=\!=\!=}Md$	-1.65
208	$Mg^{2+}+2e^-{=\!=\!=}Mg$	-2.372
209	$Mg(OH)_2+2e^-{=\!=\!=}Mg+2OH^-$	-2.69
210	$Mn^{2+}+2e^-{=\!=\!=}Mn$	-1.185
211	$Mn^{3+}+3e^-{=\!=\!=}Mn$	1.542
212	$MnO_2+4H^++2e^-{=\!=\!=}Mn^{2+}+2H_2O$	1.224
213	$MnO_4^-+4H^++3e^-{=\!=\!=}MnO_2+2H_2O$	1.679
214	$MnO_4^-+8H^++5e^-{=\!=\!=}Mn^{2+}+4H_2O$	1.507
215	$MnO_4^-+2H_2O+3e^-{=\!=\!=}MnO_2+4OH^-$	0.595
216	$Mn(OH)_2+2e^-{=\!=\!=}Mn+2OH^-$	-1.56
217	$Mo^{3+}+3e^-{=\!=\!=}Mo$	-0.2
218	$MoO_4^{2-}+4H_2O+6e^-{=\!=\!=}Mo+8OH^-$	-1.05
219	$N_2+2H_2O+6H^++6e^-{=\!=\!=}2NH_4OH$	0.092
220	$2NH_3OH^++H^++2e^-{=\!=\!=}N_2H_5^++2H_2O$	1.42
221	$2NO+H_2O+2e^-{=\!=\!=}N_2O+2OH^-$	0.76
222	$2HNO_2+4H^++4e^-{=\!=\!=}N_2O+3H_2O$	1.297
223	$NO_3^-+3H^++2e^-{=\!=\!=}HNO_2+H_2O$	0.934
224	$NO_3^-+H_2O+2e^-{=\!=\!=}NO_2^-+2OH^-$	0.01
225	$2NO_3^-+2H_2O+2e^-{=\!=\!=}N_2O_4+4OH^-$	-0.85
226	$Na^++e^-{=\!=\!=}Na$	-2.713
227	$Nb^{3+}+3e^-{=\!=\!=}Nb$	-1.099
228	$NbO_2+4H^++4e^-{=\!=\!=}Nb+2H_2O$	-0.69
229	$Nb_2O_5+10H^++10e^-{=\!=\!=}2Nb+5H_2O$	-0.644
230	$Nd^{2+}+2e^-{=\!=\!=}Nd$	-2.1
231	$Nd^{3+}+3e^-{=\!=\!=}Nd$	-2.323
232	$Ni^{2+}+2e^-{=\!=\!=}Ni$	-0.257
233	$NiCO_3+2e^-{=\!=\!=}Ni+CO_3^{2-}$	-0.45
234	$Ni(OH)_2+2e^-{=\!=\!=}Ni+2OH^-$	-0.72
235	$NiO_2+4H^++2e^-{=\!=\!=}Ni^{2+}+2H_2O$	1.678
236	$No^{2+}+2e^-{=\!=\!=}No$	-2.5
237	$No^{3+}+3e^-{=\!=\!=}No$	-1.2
238	$Np^{3+}+3e^-{=\!=\!=}Np$	-1.856
239	$NpO_2+H_2O+H^++e^-{=\!=\!=}Np(OH)_3$	-0.962

序号	电极过程（Electrode process）	$E^{\ominus}/V$
240	$O_2 + 4H^+ + 4e^- {=\!=} 2H_2O$	1.229
241	$O_2 + 2H_2O + 4e^- {=\!=} 4OH^-$	0.401
242	$O_3 + H_2O + 2e^- {=\!=} O_2 + 2OH^-$	1.24
243	$Os^{2+} + 2e^- {=\!=} Os$	0.85
244	$OsCl_6^{3-} + e^- {=\!=} Os^{2+} + 6Cl^-$	0.4
245	$OsO_2 + 2H_2O + 4e^- {=\!=} Os + 4OH^-$	-0.15
246	$OsO_4 + 8H^+ + 8e^- {=\!=} Os + 4H_2O$	0.838
247	$OsO_4 + 4H^+ + 4e^- {=\!=} OsO_2 + 2H_2O$	1.02
248	$P + 3H_2O + 3e^- {=\!=} PH_3(g) + 3OH^-$	-0.87
249	$H_2PO_2^- + e^- {=\!=} P + 2OH^-$	-1.82
250	$H_3PO_3 + 2H^+ + 2e^- {=\!=} H_3PO_2 + H_2O$	-0.499
251	$H_3PO_3 + 3H^+ + 3e^- {=\!=} P + 3H_2O$	-0.454
252	$H_3PO_4 + 2H^+ + 2e^- {=\!=} H_3PO_3 + H_2O$	-0.276
253	$PO_4^{3-} + 2H_2O + 2e^- {=\!=} HPO_3^{2-} + 3OH^-$	-1.05
254	$Pa^{3+} + 3e^- {=\!=} Pa$	-1.34
255	$Pa^{4+} + 4e^- {=\!=} Pa$	-1.49
256	$Pb^{2+} + 2e^- {=\!=} Pb$	-0.126
257	$Pb^{2+} + 2e^- {=\!=} Pb(Hg)$	-0.121
258	$PbBr_2 + 2e^- {=\!=} Pb + 2Br^-$	-0.284
259	$PbCl_2 + 2e^- {=\!=} Pb + 2Cl^-$	-0.268
260	$PbCO_3 + 2e^- {=\!=} Pb + CO_3^{2-}$	-0.506
261	$PbF_2 + 2e^- {=\!=} Pb + 2F^-$	-0.344
262	$PbI_2 + 2e^- {=\!=} Pb + 2I^-$	-0.365
263	$PbO + H_2O + 2e^- {=\!=} Pb + 2OH^-$	-0.58
264	$PbO + 2H^+ + 2e^- {=\!=} Pb + H_2O$	0.25
265	$PbO_2 + 4H^+ + 2e^- {=\!=} Pb^{2+} + 2H_2O$	1.455
266	$HPbO_2^- + H_2O + 2e^- {=\!=} Pb + 3OH^-$	-0.537
267	$PbO_2 + SO_4^{2-} + 4H^+ + 2e^- {=\!=} PbSO_4 + 2H_2O$	1.691
268	$PbSO_4 + 2e^- {=\!=} Pb + SO_4^{2-}$	-0.359
269	$Pd^{2+} + 2e^- {=\!=} Pd$	0.915
270	$PdBr_4^{2-} + 2e^- {=\!=} Pd + 4Br^-$	0.6
271	$PdO_2 + H_2O + 2e^- {=\!=} PdO + 2OH^-$	0.73
272	$Pd(OH)_2 + 2e^- {=\!=} Pd + 2OH^-$	0.07
273	$Pm^{2+} + 2e^- {=\!=} Pm$	-2.2
274	$Pm^{3+} + 3e^- {=\!=} Pm$	-2.3
275	$Po^{4+} + 4e^- {=\!=} Po$	0.76
276	$Pr^{2+} + 2e^- {=\!=} Pr$	-2
277	$Pr^{3+} + 3e^- {=\!=} Pr$	-2.353
278	$Pt^{2+} + 2e^- {=\!=} Pt$	1.18
279	$[PtCl_6]^{2-} + 2e^- {=\!=} [PtCl_4]^{2-} + 2Cl^-$	0.68
280	$Pt(OH)_2 + 2e^- {=\!=} Pt + 2OH^-$	0.14
281	$PtO_2 + 4H^+ + 4e^- {=\!=} Pt + 2H_2O$	1
282	$PtS + 2e^- {=\!=} Pt + S^{2-}$	-0.83

序号	电极过程（Electrode process）	$E^{\ominus}/V$
283	$Pu^{3+}+3e^-\Longrightarrow Pu$	-2.031
284	$Pu^{5+}+e^-\Longrightarrow Pu^{4+}$	1.099
285	$Ra^{2+}+2e^-\Longrightarrow Ra$	-2.8
286	$Rb^++e^-\Longrightarrow Rb$	-2.98
287	$Re^{3+}+3e^-\Longrightarrow Re$	0.3
288	$ReO_2+4H^++4e^-\Longrightarrow Re+2H_2O$	0.251
289	$ReO_4^-+4H^++3e^-\Longrightarrow ReO_2+2H_2O$	0.51
290	$ReO_4^-+4H_2O+7e^-\Longrightarrow Re+8OH^-$	-0.584
291	$Rh^{2+}+2e^-\Longrightarrow Rh$	0.6
292	$Rh^{3+}+3e^-\Longrightarrow Rh$	0.758
293	$Ru^{2+}+2e^-\Longrightarrow Ru$	0.455
294	$RuO_2+4H^++2e^-\Longrightarrow Ru^{2+}+2H_2O$	1.12
295	$RuO_4+6H^++4e^-\Longrightarrow Ru(OH)_2^{2+}+2H_2O$	1.4
296	$S+2e^-\Longrightarrow S^{2-}$	-0.476
297	$S+2H^++2e^-\Longrightarrow H_2S$（水溶液,aq）	0.142
298	$S_2O_6^{2-}+4H^++2e^-\Longrightarrow 2H_2SO_3$	0.564
299	$2SO_3^{2-}+3H_2O+4e^-\Longrightarrow S_2O_3^{2-}+6OH^-$	-0.571
300	$2SO_3^{2-}+2H_2O+2e^-\Longrightarrow S_2O_4^{2-}+4OH^-$	-1.12
301	$SO_4^{2-}+H_2O+2e^-\Longrightarrow SO_3^{2-}+2OH^-$	-0.93
302	$Sb+3H^++3e^-\Longrightarrow SbH_3$	-0.51
303	$Sb_2O_3+6H^++6e^-\Longrightarrow 2Sb+3H_2O$	0.152
304	$Sb_2O_5+6H^++4e^-\Longrightarrow 2SbO^++3H_2O$	0.581
305	$SbO_3^-+H_2O+2e^-\Longrightarrow SbO_2^-+2OH^-$	-0.59
306	$Sc^{3+}+3e^-\Longrightarrow Sc$	-2.077
307	$Sc(OH)_3+3e^-\Longrightarrow Sc+3OH^-$	-2.6
308	$Se+2e^-\Longrightarrow Se^{2-}$	-0.924
309	$Se+2H^++2e^-\Longrightarrow H_2Se$（水溶液,aq）	-0.399
310	$H_2SeO_3+4H^++4e^-\Longrightarrow Se+3H_2O$	-0.74
311	$SeO_3^{2-}+3H_2O+4e^-\Longrightarrow Se+6OH^-$	-0.366
312	$SeO_4^{2-}+H_2O+2e^-\Longrightarrow SeO_3^{2-}+2OH^-$	0.05
313	$Si+4H^++4e^-\Longrightarrow SiH_4$（气体）	0.102
314	$Si+4H_2O+4e^-\Longrightarrow SiH_4+4OH^-$	-0.73
315	$SiF_6^{2-}+4e^-\Longrightarrow Si+6F^-$	-1.24
316	$SiO_2+4H^++4e^-\Longrightarrow Si+2H_2O$	-0.857
317	$SiO_3^{2-}+3H_2O+4e^-\Longrightarrow Si+6OH^-$	-1.697
318	$Sm^{2+}+2e^-\Longrightarrow Sm$	-2.68
319	$Sm^{3+}+3e^-\Longrightarrow Sm$	-2.304
320	$Sn^{2+}+2e^-\Longrightarrow Sn$	-0.138
321	$Sn^{4+}+2e^-\Longrightarrow Sn^{2+}$	0.151
322	$SnCl_4^{2-}+2e^-\Longrightarrow Sn+4Cl^-$（$1mol\cdot L^{-1}HCl$）	-0.19
323	$SnF_6^{2-}+4e^-\Longrightarrow Sn+6F^-$	-0.25
324	$Sn(OH)_3^-+3H^++2e^-\Longrightarrow Sn^{2+}+3H_2O$	0.142
325	$SnO_2+4H^++4e^-\Longrightarrow Sn+2H_2O$	-0.117
326	$Sn(OH)_6^{2-}+2e^-\Longrightarrow HSnO_2^-+3OH^-+H_2O$	-0.93
327	$Sr^{2+}+2e^-\Longrightarrow Sr$	-2.899

序号	电极过程（Electrode process）	$E^{\ominus}/V$
328	$Sr^{2+}+2e^-\!\!=\!\!=\!Sr(Hg)$	-1.793
329	$Sr(OH)_2+2e^-\!\!=\!\!=\!Sr+2OH^-$	-2.88
330	$Ta^{3+}+3e^-\!\!=\!\!=\!Ta$	-0.6
331	$Tb^{3+}+3e^-\!\!=\!\!=\!Tb$	-2.28
332	$Tc^{2+}+2e^-\!\!=\!\!=\!Tc$	0.4
333	$TcO_4^-+8H^++7e^-\!\!=\!\!=\!Tc+4H_2O$	0.472
334	$TcO_4^-+2H_2O+3e^-\!\!=\!\!=\!TcO_2+4OH^-$	-0.311
335	$Te+2e^-\!\!=\!\!=\!Te^{2-}$	-1.143
336	$Te^{4+}+4e^-\!\!=\!\!=\!Te$	0.568
337	$Th^{4+}+4e^-\!\!=\!\!=\!Th$	-1.899
338	$Ti^{2+}+2e^-\!\!=\!\!=\!Ti$	-1.63
339	$Ti^{3+}+3e^-\!\!=\!\!=\!Ti$	-1.37
340	$TiO_2+4H^++2e^-\!\!=\!\!=\!Ti^{2+}+2H_2O$	-0.502
341	$TiO^{2+}+2H^++e^-\!\!=\!\!=\!Ti^{3+}+H_2O$	0.1
342	$Tl^++e^-\!\!=\!\!=\!Tl$	-0.336
343	$Tl^{3+}+3e^-\!\!=\!\!=\!Tl$	0.741
344	$Tl^{3+}+Cl^-+2e^-\!\!=\!\!=\!TlCl$	1.36
345	$TlBr+e^-\!\!=\!\!=\!Tl+Br^-$	-0.658
346	$TlCl+e^-\!\!=\!\!=\!Tl+Cl^-$	-0.557
347	$TlI+e^-\!\!=\!\!=\!Tl+I^-$	-0.752
348	$Tl_2O_3+3H_2O+4e^-\!\!=\!\!=\!2Tl^++6OH^-$	0.02
349	$TlOH+e^-\!\!=\!\!=\!Tl+OH^-$	-0.34
350	$Tl_2SO_4+2e^-\!\!=\!\!=\!2Tl+SO_4^{2-}$	-0.436
351	$Tm^{2+}+2e^-\!\!=\!\!=\!Tm$	-2.4
352	$Tm^{3+}+3e^-\!\!=\!\!=\!Tm$	-2.319
353	$U^{3+}+3e^-\!\!=\!\!=\!U$	-1.798
354	$UO_2+4H^++4e^-\!\!=\!\!=\!U+2H_2O$	-1.4
355	$UO_2^++4H^++e^-\!\!=\!\!=\!U^{4+}+2H_2O$	0.612
356	$UO_2^{2+}+4H^++6e^-\!\!=\!\!=\!U+2H_2O$	-1.444
357	$V^{2+}+2e^-\!\!=\!\!=\!V$	-1.175
358	$VO^{2+}+2H^++e^-\!\!=\!\!=\!V^{3+}+H_2O$	0.337
359	$VO_2^++2H^++e^-\!\!=\!\!=\!VO^{2+}+H_2O$	0.991
360	$VO_2^++4H^++2e^-\!\!=\!\!=\!V^{3+}+2H_2O$	0.668
361	$V_2O_5+10H^++10e^-\!\!=\!\!=\!2V+5H_2O$	-0.242
362	$W^{3+}+3e^-\!\!=\!\!=\!W$	0.1
363	$WO_3+6H^++6e^-\!\!=\!\!=\!W+3H_2O$	-0.09
364	$W_2O_5+2H^++2e^-\!\!=\!\!=\!2WO_2+H_2O$	-0.031
365	$Y^{3+}+3e^-\!\!=\!\!=\!Y$	-2.372
366	$Yb^{2+}+2e^-\!\!=\!\!=\!Yb$	-2.76
367	$Yb^{3+}+3e^-\!\!=\!\!=\!Yb$	-2.19
368	$Zn^{2+}+2e^-\!\!=\!\!=\!Zn$	-0.7618
369	$Zn^{2+}+2e^-\!\!=\!\!=\!Zn(Hg)$	-0.7628
370	$Zn(OH)_2+2e^-\!\!=\!\!=\!Zn+2OH^-$	-1.249
371	$ZnS+2e^-\!\!=\!\!=\!Zn+S^{2-}$	-1.4
372	$ZnSO_4+2e^-\!\!=\!\!=\!Zn(Hg)+SO_4^{2-}$	-0.799

附录Ⅳ 《仪器分析》常用术语词汇中英对照

仪器分析　概述
物理分析 physical analysis
物理化学分析 physicochemical analysis
仪器分析 instrumental analysis

光谱分析法
普朗克常数 Plank constant
电磁波谱 electromagnetic spectrum
光谱 spectrum
光谱分析法 spectroscopic analysis
原子发射光谱法 atomic emission spectroscopy
质量谱 mass spectrum
质谱法 mass spectroscopy，MS
紫外-可见分光光度法 ultraviolet and visible spectrophotometry；UV-Vis
肩峰 shoulder peak
末端吸收 end absorbtion
生色团 chromophore
助色团 auxochrome
红移 red shift
长移 bathochromic shift
短移 hypsochromic shift
蓝（紫）移 blue shift
增色效应（浓色效应）hyperchromic effect
减色效应（淡色效应）hypochromic effect
强带 strong band
弱带 weak band
吸收带 absorption band
透光率 transmitance，T
吸光度 absorbance
谱带宽度 band width
杂散光 stray light
暗噪声 dark noise
散粒噪声 signal shot noise
闪耀光栅 blazed grating
全息光栅 holographic grating
光二极管阵列检测器 photodiode array detector
偏最小二乘法 partial least squares method，PLS

褶合光谱法 convolution spectrometry
褶合变换 convolution transform，CT
离散小波变换 wavelet transform，WT
多尺度细化分析 multiscale analysis
供电子取代基 electron donating group
吸电子取代基 electron with-drawing group
原子光谱法 atomic spectroscopy
原子吸收分光光度法 atomic absorption spectrophotometry，AAS
原子发射分光光度法 atomic emmsion spectrophotometry，AES
原子荧光分光光度法 atomic fluorescence spectrophotometry，AFS

气相色谱分析法
色谱法（层析法）chromatography
固定相 stationary phase
流动相 mobile phase
超临界流体色谱法 SFC
高效毛细管电泳法 high performance capillary electroporesis，HPCE
气相色谱法 gas chromatography，GC
液相色谱法 liquid cromatography，LC
超临界流体色谱法 supercritical fluid chromatography，SFC
气-固色谱法 GSC
气-液色谱法 GLC
液-固色谱法 LSC
液-液色谱法 LLC
柱色谱法 column chromatography
填充柱 packed column
毛细管柱 capillary column
微填充柱 icrobore packed column
平板色谱法 plane chromatography
纸色谱法 paper chromatography
薄层色谱法 thin layer chromatography，TLC
薄膜色谱法 thin film chromatography
毛细管电泳法 capillary electrophoresis，CE
分配色谱法 partition chromatography

吸附色谱法 adsorpion chromatography

离子交换色谱法 ion exchange chromatography，IEC

空间排阻色谱法 steric exclusion chromatography，SEC

亲和色谱法 affinity chromatography

分配系数 distribution coefficient

狭义分配系数 partition coefficient

凝胶色谱法 gel chromatography

凝胶渗透色谱法 gel permeation chromatography，GPC

凝胶过滤色谱法 gel filtration chromatography，GFC

渗透系数 permeation coefficien；K_p

化学键合相色谱法 chemically bonded-phase chromatography

分配系数 distribution coefficient

靛菁绿 indocyanine

气相色谱-傅里叶变换红外光谱 GC-FTIR

前延峰 leading peak

拖尾峰 tailing peak

对称因子 symmetry factor，f_s

保留时间 retention time

保留体积 retention volume

死时间 dead time

调整保留时间 adjusted retention time

半峰宽 peak width at half height，$W_{1/2}$ or $Y_{1/2}$

峰宽 peak width，W

等温线 isotherm

理论塔板高度 height equivalent to atheoretical plate

化学键合相 chemically bonded phase

丁二酸二乙二醇聚酯 polydiethylene glycol succinate，PDEGS，DEGS

高分子多孔微球 GDX

苯乙烯 STY

乙基乙烯苯 EST

二乙烯苯 DVB

涂壁毛细管柱 wall coated open tubular column，WCOT

载体涂层毛细管柱 support coated open tubular column，SCOT

热导检测器 thermal conductivity detector，TCD

氢火焰离子化检测器 hydrogen flame ionization detector，FID

电子捕获检测器 electron capture detector，ECD

噪声 noise，N

漂移 drift，d

灵敏度 sensitivity

检测限（敏感度）detectability，D，M

分离度 resolution

归一化法 normalization method

外标法 external standardization

高效液相色谱法

高效液相色谱法 high performance liquid chromatography，HPLC

高速液相色谱法 high speed LC，HSLC

高压液相色谱法 high pressure LC，HPLC

高分辨液相色谱法 high resolution LC，HRLC

液固吸附色谱法（液固色谱法）liquid-solid adsorption chromatography，LSC

液液色谱法 liquid-liquid chromatography，LLC

正相 normal phase，NP

反相 reversed phase，RP

十八烷基 octadecylselyl，ODS

离子对色谱法 paired ion chromatography，PIC

反相离子对色谱法 RPIC

离子抑制色谱法 ion suppression chromatography，ISC

离子色谱法 ion chromatography，IC

手性色谱法 chiral chromatography，CC

环糊精色谱法 cyclodextrin chromatography，CDC

胶束色谱法 micellar chromatography，MC

亲和色谱法 affinity chromatography，AC

固定相 stationary phase

化学键合相 chemically bonded phase

封尾、封顶、遮盖 end capping

手性固定相 chiral stationary phase，CSP
恒组成溶剂洗脱 isocraic elution
梯度洗脱 gradient elution
紫外检测器 ultraviolet detector，UVD
荧光检测器 fluorophotomeric detector，FD
电化学检测器 ECD
示差折光检测器 RID
光电二极管检测器 photodiode array detector，DAD
三维光谱-波谱图 3D-spectrochromatogram
蒸发光散射检测器 evaporative light scattering detector，ELSD
安培检测器 Ampere detector，AD
淌度 mobility
电泳 electrophoresis
电渗 electroosmosis
动力进样 hydrodynamic injection
电动进样 electrokinetic injection
毛细管区带电泳法 capillary zone electrophoresis，CZE
胶束电动毛细管色谱 micellar electrokinetic capillary chromatography，MECC
毛细管凝胶电泳 capillary gel electrophoresis，CGE
吸附 adsorption
活化 activation
脱活性 deactivation
交联度 degree of cross linking
交换容量 exchange capacity
薄层板 thin layer plate
展开剂 developing solvent ，developer
临界胶束浓度 criticak micolle concentration，CMC
相对比移值 relative R_f，R_r
分离度 resolution，R
分离数 separation number，SN
煅石膏 Gypsum
羧甲基纤维素钠 CMC-Na
吸收光谱联用 TLC-UV
薄层色谱-荧光联用 TLC-F

薄层色谱-红外吸收光谱联用 TLC-IR
上行法展开 ascending development
下行法展开 descending development
双向展开 two dimensional develoooment
筛分 sieving

电化学分析 electrochemical analysis
电解法 electrolytic analysis method
电重量法 electtogravimetry
库仑法 Coulometry
库仑滴定法 Coulometric titration
电导法 conductometry
电导分析法 conductometric analysis
电导滴定法 conductometric titration
电位法 potentiometry
直接电位法 dirext potentiometry
电位滴定法 potentiometric titration
伏安法 voltammetry
极谱法 polarography
溶出法 stripping method
电流滴定法 amperometric titration
化学双电层 chemical double layer
相界电位 phase boundary potential
金属电极电位 electrode potential
化学电池 chemical cell
液接界面 liquid junction boundary
原电池 galvanic cell
电解池 electrolytic cell
负极 cathode
正极 anode
电池电动势 eletromotive force
指示电极 indicator electrode
参比电极 reference electroade
标准氢电极 standard hydrogen electrode
一级参比电极 primary reference electrode
饱和甘汞电极 standard calomel electrode
银-氯化银电极 silver silver-chloride electrode
液接界面 liquid junction boundary
不对称电位 asymmetry potential
表观 pH apparent pH
复合 pH 电极 combination pH electrode

离子选择电极 ion selective electrode
敏感器 sensor
晶体电极：crystalline electrodes
均相膜电极 homogeneous membrance electrodes
非均相膜电极 heterogeneous membrance electrodes
非晶体电极 non-crystalline electrodes
刚性基质电极 rigid matrix electrode
流体载动电极 electrode with a mobile carrier

气敏电极 gas sensing electrodes
酶电极 enzyme electrodes
金属氧化物半导体场效应晶体管 MOSFET
离子选择场效应管 ISFET
总离子强度调节缓冲剂 total ion strength adjustment buffer，TISAB
永停滴定法 dead-stop titration
双电流滴定法（双安培滴定法）double Amperometric titration

参考文献

［1］ 黄一石. 仪器分析. 第 2 版. 北京：化学工业出版社，2013.

［2］ 魏培海，曹国庆. 仪器分析. 第 2 版. 北京：高等教育出版社，2012.

［3］ 王炳强. 仪器分析. 北京：高等教育出版社，2013.

［4］ 黄一石. 仪器分析技术. 北京：化学工业出版社，2000.

［5］ 梁述忠. 仪器分析. 北京：化学工业出版社，2008.

［6］ 杨永红. 仪器分析操作技术. 北京：化学工业出版社，2008.

［7］ 顾蕙祥，阎宝石. 气相色谱实用手册. 北京：化学工业出版社，1990.